JN300337

中世ヨーロッパを完全再現！

中世兵士の服装

ゲーリー・エンブルトン 著

濱崎 亨 訳

マール社

日本語版版権所有

EUROPA MILITARIA SPECIAL №8
MEDIEVAL MILITARY COSTUME
Recreated in Colour Photographs
by Gerry Embleton

Copyright © The Crowood Press Ltd, 2000
Photographs © as individually credited
Colour plates © Gerry Embleton

Japanese translation rights arranged with
The Crowood Press Ltd.

謝辞

　この本を出版するために働いてくれた人々全員の名前をあげて感謝するには、残念ながら十分なスペースがない。私は特別な「感謝」をセント・ジョージ社の全ての友人たちと彼らのゲストたちに言わなければいけない。彼らは知識と経験を何年もの間提供してくれ、悪天候でもポーズをとってくれた。また、ウルフバーン、ホワイト社、ザ・ブラック・プリンスズ・ハウスホールド、ザ・リンカーンキャッスル・ボーマンのメンバーとドミニク・デルグランジ・オブ・ザ・カンパニー・リリー・アンド・ライオンと、エリ・タナーにも感謝しないといけない。私たちに扉を開けてくれた多くの城や博物館の管理者やスタッフにも感謝したい。衣装係のアンジェラ・エッセンハイ、ジュリー・ダグラス、マリナ・ハリントン。職人のシモン・メトカルフ、ウィル・ハット、ポール・デニー、マット・チャンピオン、イアン・アッシュダウン、ジョン・バティフィント。写真家のデヴィッド・レーゼンビー、アン・エンブルトン、リールストレのフィリップ・クラワー、イアン・アッシュダウン、カーロス・オリベイラ、シモン・メトカルフ、アラン＆マイケル・ペリー、VSブックス、アンドレア・ジェンセン。特に、相当な助けとチームワークと長期にわたる支援をしてくれたジョン・ハウに感謝したい。木々や岩をよじのぼって長時間我慢をしてくれたモデルたちにも、また、マーティン・ウィンドロウにも感謝したい。彼は単なる本の編集者以上の役割を果たしてくれた。彼の助けと励ましと、私の干し魚のシチューをブイヤベースに変えてくれたことにも感謝を。最後に妻のアンに感謝したい。彼女は情熱的に、中世のフランス語とドイツ語を翻訳し、何時間もそれをタイプしてくれた。そしてサムとカミーユが写真の何枚かの撮影を手伝ってくれたことにも、ありがとうと伝えたい。

Contents

はじめに	3
ノルマン人たち：バイユーのタペストリーの再考	5
図1：1050〜1250年の鎖帷子と兜	8
図2：1250〜1360年の胴部の防具	10
13世紀の兵士	12
14世紀のハンドガンナー（小銃兵）	15
14世紀の弓兵	16
14世紀の騎士	21
▶明るく輝く鎧	22
図3：1250〜1370年の頭部と首の防具	22
図4：14世紀のギャンベソン、プールポワン、ジポン、紋章付き陣羽織	26
14世紀の従軍した女性	28
図5：下着と一般市民の衣装	32
15世紀の男性の衣装	34
頭部と足元の装備	36
15世紀の女性の衣装	38
15世紀のイタリア兵士	42
▶衣類と染色：可能性を容認できるもの	44
▶贅沢禁止令	44
リブリー（そろいの服）	45
ブルゴーニュ公の護衛の弓兵	46
図6：12〜15世紀のリブリー（そろいの服）	48
図7：15世紀のリブリー（そろいの服）と紋章	50
砲兵隊の主人	52
音楽と娯楽	55
フランスの弓兵	56
15世紀のイングランド兵士	57
15世紀のドイツ兵士	60
図8：ギャンベソン（綿を縫い込んだ防御用の上着）、ジャック、ブリガンディン（胴甲）	64
ジャックとブリガンディン	66
ハンドガンナー（小銃兵）	69
15世紀のスイス兵士	74
▶鎧の信頼性の証明	75
略奪	76
15世紀の従軍した女性	78
鎧	80
図9：鎧の下の服装	82
▶鎧はどこへ消えたのか？	84
ランツクネヒト（傭兵）	86
図10：1500〜1525年のスイスとドイツの歩兵	88
図11：1515〜1525年のスイス傭兵とランツクネヒト（傭兵）	90
▶16世紀初めの鎧	90
あとがき：中世の衣装の再現	94
参考文献	96

はじめに

　時代をどう区切るかは歴史家によって異なるであろうが、目的から考えて、本書では紀元1000年から1500年までを「中世」としたい。まず、ノルマン人による征服後について最低限紹介し、その後、中世の最後の300年間ヨーロッパの一般兵士がどのような外見をしていたか、また、兵士と共に戦いに同行した女性たちの服装についても再現しようと思う。この本では上流階級の服装よりも戦士階級の日常の衣装に、武装した騎士よりも一般兵士に、貴族の荘厳な馬具よりも裕福でない人々の鎧に注目していきたい。

　中世の服装についての正確な記録を見つけることはとても難しい。注意深く背景を見なければならないし、日常生活の衣服や兵士になる様な人々についての研究は、今までほとんどなされていないのだ。私たちにできるのは再現の土台となる情報の切り抜きや断片を寄せ集めることだけだ。そのため推測の域を出ないことも多く含まれている。そんな中でもできる限り、この時代の年代記と挿絵、衣服と装備の記録、家計と洋服ダンスの記録、手紙、絵画、彫刻、考古学的発見を調べてきた。

　そして、毛織物やリネン類の衣服、草木染、植物でなめした手縫いの革製品、武具と鎧が屋外での生活に有効だ、という確かな証拠を得た。私たちはこれらの衣服や装備を再現して実際に全天候で使ってみた。その結果、いかに信頼に値する証拠が残っていないか、また、私たちがどれだけ知らないか、ということがわかった。

　11世紀の初め頃の肉体労働や狩りや戦争等のための服は適当に断裁されたもので、8世紀頃からあまり変わっていない。しかも全ての階級の人々がほぼ同じ服を着ていた。袖の長さやどのくらい身体を覆うか、どのくらい装飾するかは、その当時の美と上品さの基準によって、時代ごとに異なる。私たちは、ヨーロッパの沿岸部を分け合い定着したサクソン人やスカンジナビア人の衣装については本当にほとんど分かっていないし、現在のドイツ語を話す世界の内陸部についてはもっと分かっていない。

　私たちの視点は、言い伝えや文学や想像力に富んだ芸術によって歪められている。過去の歴史家たちは、大昔がいかに粗野で野蛮であり、人類がその時代に至るまでにどれだけ凄い発展をしてきたかを示すためのイメージ創りに精を出したのである。人々は、祖先が粗暴で大酒飲みで、粗末な小屋に住み、粗野な衣服を裸の上に着て、脚は毛皮で覆って留めていると思っている。この似つかわしくないイメージの上に私たちは新しい考古学的発見をいちいち上張りしてきた。つまり、祖先たちはもっと文明化されており、物質的に洗練された人々なのだ。それにもかかわらず、私たちのなかには、ギャップのある原始的な印象がまだ残っている。

　ときどき、大きな発見がある。スカンジナビアやドイツの沼地で発見された古代ゲルマン人たちの遺体や遺物、グリーンランドのヘルヨールヴネスで発見された14世紀のガウンやフードや様々な王家の埋葬物などだ。これらは泥水がまだ入っている状態だ。それがどのくらい一般的なものか分からないが、これまでイメージしていた全体像とずれがあるため、さらに多くの疑問と答えを想起させる。現存する兜を一つか二つ持っているなら、何千何万の同じ兜が存在していたと考えなければならない。繊維のかけらが残っていれば編み方を分析することができる。しかし刺繍や装飾や派手な色がどのくらいの面積で使われていたか、知ることはできないのである。

9世紀のヴァイキングの侵略者。彼らが着ている物は全てきちんとした調査に基づいている。しかし、元となった証拠がその時代でどのくらい「典型的」であったのか、またはそうでなかったかについては分からない。ほとんどのヴァイキングたちが本当にこのような恰好だったと、どうすれば断言できるだろうか？（写真：ジョン・ハウ）

　ヴァイキングの素晴らしくしなやかな装身具類や彫刻を見てみよう。彼らは同様の派手なデザインを衣服にも使ったのだろうか？推測はできるが正確には分からない。色や装飾や部族の違いを示す印が好まれるのは普遍的なことで、時代を問わず、貧しい人々や「原始的な」人々の間でも幅広く使われたと考えられるが、証拠と言うと、はっきりと描写された一握りの文書や文字、それより数少ない彫刻、腐食を逃れたほんのわずかな物理的証拠しか残っていない。そして、残されたそれらをどう解釈するのが正しいのか、判断が難しいのである。

　私たちはよく薄っぺらい証拠から憶測し、再構成をしてしまう。そして、それは何度も繰り返し述べられるうちに事実として受け入れられてしまう。たとえバックルが骸骨の腰の位置に置いてあったとしても、それがベルトに付けられていたとは断言できない。時間が経過して偶然腰の位置に移動しただけなのかもしれないのだ。私たちは当時の埋葬の仕方について何も知らない。また、兵士が生前と同じ装備を身に着けて埋葬されていたかどうか分からない。何か特別な埋葬の仕方があった可能性もある。18世紀の将校たちは彼ら自身の剣を抱いて埋葬されただろう。しかし、一般の兵士たちがマスケット銃（歩兵用の銃）と銃剣を抱いて埋葬されることはほとんど無かった。だから、よく見つかる埋葬品がその時代に頻

繁に使われた物であるとは言えないのだ。

　中世の一般的な歩兵についてははっきりとは分からない。武器屋の店員はどんな武器や鎧が売れ、その値段が幾らだったかについては記録している。だが、兵士がどんな物を着て、鞄に何を入れ、何を考えていたかは全く記録していない。芸術家や作家は金を出す武装したパトロンについて製作するのに忙しかった。一般の斧兵の日記などありもしないし、歩兵の気持ちを記したものもありもしない。だが、1812年に兵士が書いた物を読むことができる。これを読めば、大昔の兵士たちがどうであったのかうかがうことはできると思う。

　荒野で寝ること、激しい行軍、ビスケットと腐った塩漬け肉、街を襲った後の規律の崩壊、残酷な罰、すべてにおいて辛く大変な日々、これらは500年前でも同じであっただろう。常に寝床と食べ物を探さなくてはいけないこと、強奪して大酒を飲むこと、将校たちとは明らかに違った生活を送ることも共通している。剣やミサイルによって負傷するのも同じだ。ウエリントン第51歩兵部隊の硬貨とたばこを求めてフランス兵の死体を探る荷車引きの兵卒も、空腹で、乾いた納屋と財布に入れる銀貨を夢見て、雨のフランスを歩く1415年のイングランドの弓兵にも何ら変わりはないのである。

　はっきりとヴァイキングのものだと言えるヘルメットはたった一つしか現存していない。これは9世紀のものだ。ゴーグルの形をした眼の防具、鼻の防具、鎖帷子の取り付け具が付いている。同時代によく使用された鼻の防具付の円錐状のヘルメットを、私たちはノルマン人の防具だと考えている。このヘルメットや似た形のシンプルなヘルメットと、鎖帷子か綿入りの上着が10～11世紀に最も広く着用された防具だった。これはバイユーのタペストリーに描かれた戦士たちのほとんどが着ている。

　考古学や英雄伝説は、中世初期の戦士たちの生活についての手がかりを教えてくれる。しかし、全体像を描くためには、私たちの知識は断片的に過ぎない。着飾ったり、宝石を身に着けた遺体がみつかると、考古学者はそれを貴族のものだと決めつける傾向がある。しかし、その時代にはありふれた物だったかもしれないし、死者を生前は着たことのない豪華な服装で埋葬する習慣があったのかもしれない。私たちはその墓が誰のものであるかすら分からないのだ。

　ある時期に鎖帷子が馬一頭と同じ値段だったという記録がある。しかし、馬を所有することがどのくらい一般的だったのかは分からない。鎖帷子は小型日本車くらい手軽だったかもしれないし、ロールスロイスくらい高価だったかもしれないのだ。

　ヴァイキングたちが外見について虚栄心が強かったことは分かっている。濃い色の衣服を好み、髪型にこだわっていた。しかし、ヴァイキングの外見を再現するためにはこの情報だけでは不十分だ。ロシアにある彼らの入植地の遺跡で見つかった新しい情報によると、ヴァイキングはスラブ人の意匠、衣服、武器と防具に影響を与えた。そして間違いなく彼らもスラブ人の影響を受けた。10世紀の重要な交易の拠点だったスウェーデンのビルカの墓地で見つかったものが、スカンディナビア半島土着の人々のものなのか、東部から来た「外国人」のものなのか、分からない。それらの出土物と、ゴットランドで見つかった8世紀の石の彫像から考えると、ヴァイキングはだぶだぶのズボンをはき、西アジアの丈が長く長袖のカフタン風のコートを着て、東方風の衣服を着けていたと思われる。しかし、それらが西ヨーロッパのヴァイキングが着ていたものだという証拠はない。

（写真：ジョン・ハウ）

ノルマン人たち：
バイユーのタペストリーの再考

バイユーのタペストリーは刺繍作品だ。ノルマン人の征服の数年後に、征服王の異母兄弟にあたるオド司教がノルマンディー領のバイユーの大聖堂のために作らせた。11世紀後半の武器と鎧についての最も重要な資料であり、慎重に考察する必要がある。

現在ではとてもきれいに修復されており、まるで連載漫画のようにウイリアム男爵のイングランド征服を見せてくれる。それはもう研究する部分がほとんどないほど、非常によく検証された証拠品だ。

タペストリーには赤や緑や青色の馬、キャベツのような形の木々、驚くような姿の神話の獣たち、そして多くの武装した戦士たちが登場する。彼らの鎧と武器、船と野営地は極めて上品で装飾的に表現されている。全体的な形と構成はその当時の様子を示してくれるが、スケール感に欠けている。すべての刺繍は装飾的要素として描かれており、刺し目（針目）は装飾を施してバリエーションを加えるために自由に使われている。

兜と鎧は黄色、赤、水色、藍色そして緑に塗られ、輪の装飾や網目状の刺し目は戦の鎖帷子を表している。時々、直角の網目模様や、皿の大きさの輪も使われた。輪と刺し目模様が同時に一つの衣装に使われることもあった。時々、それが鎖帷子を表現しようとしているのか、はっきりとしないものもあり、描かれた鎧が当時のものだと受け取る理由も見当たらない。何かしら「鎖帷子」のようなものを表現しようとしていることには間違いないのだが。

大いに議論されてきた鎖帷子についてF. M. ケリーがアポロマガジンの1931年の11月号に掲載した記事を引用してみよう。

「まず初めに、私が〈鎖帷子〉と呼ぶものを定義してみたい。中世の間、そして鎧というものが使われ続けた間（中略）この〈鎖帷子〉とはまさしく、連結した輪から成り立つ防具のことを意味した。後世の詩人たちが〈鎖帷子〉を鎧全般を指すものとして意味を拡張してしまった。とは言え、〈チェイン・メイル〉や〈スケイル・メイル〉や〈プレート・メイル〉は近代になってできた呼び名だ。」

また、メイリックは「鎖帷子」を次のように分類することを提案している。「輪っか状」「一つ編み」「二つ編み」「三つ編み」「錆びついた」「格子編み」などである。しかし、彼の分類は誤解に基づいている。彼が言うところの「輪っか状」「格子編み」「三つ編み」は全て彼が「鎖で編まれた帷子」と呼ぶもののことを言っている。これに関してはクローデ・ブレアーの著書『ヨーロッパの鎧（European Armour）』を参照されたい。

文書の記録とその他の情報源によって、「鱗状の帷子」が11世紀に着用されていることが分かっている。そして、タペストリーが示すように様々な種類のギャンベソン（綿を縫い込んだ防御用の上着）が着用されていたのは疑う余地がない。

個々の輪はとてもスムーズに動くので、鎖帷子はあまり摩擦が生じるものではない。しかし、荒く編まれた衣服とは摩擦が生じるので、衣服にうまく固定することができた。鎖帷子が緩くなくて十分に体にフィットするなら、鎖を固定する取り付け具は必要なく、着心地はそれほど悪くなかった。しかし、鎖帷子の下に着る服に何らかの詰め物をすることは確かに必要だった。これがないと、相手の打撃によって鎖が肉体に食い込むからだ。

船乗りのヴァイキングたちがどのくらい馬を使用したかははっきりと分からないが、使用したのは確かである。時代が経ち、彼らが定着した土地の馬乗りと接触したことによって、彼らの子孫の一部は強力で攻撃的な騎兵に進化した。イングランドとヨーロッパの沿岸部を襲い、相互に交流した。そして、スカンジナビアの文化をロシアと地中海に広めた。彼らはフランス北部に定着した。子孫はNothermen（北の人たち）と呼ばれ、それがNormans（ノルマン人）と変わっていった。そして海でも陸でも征服のための遠征は続けられた。騎士たちは貪欲で喧嘩っ早く、土地と権力への野心が強かったので、報酬が約束されていればどこでも駆けつけた。ノルマンディー公ウイリアムの下で1066年にイングランドを侵略した騎士たちは、結束した愛国主義に突き動かされた人々ではなかった。ウイリアムの旗の下で、土地と黄金を求めてヨーロッパ中を荒らし回ったのだ。（写真：VSブックス）

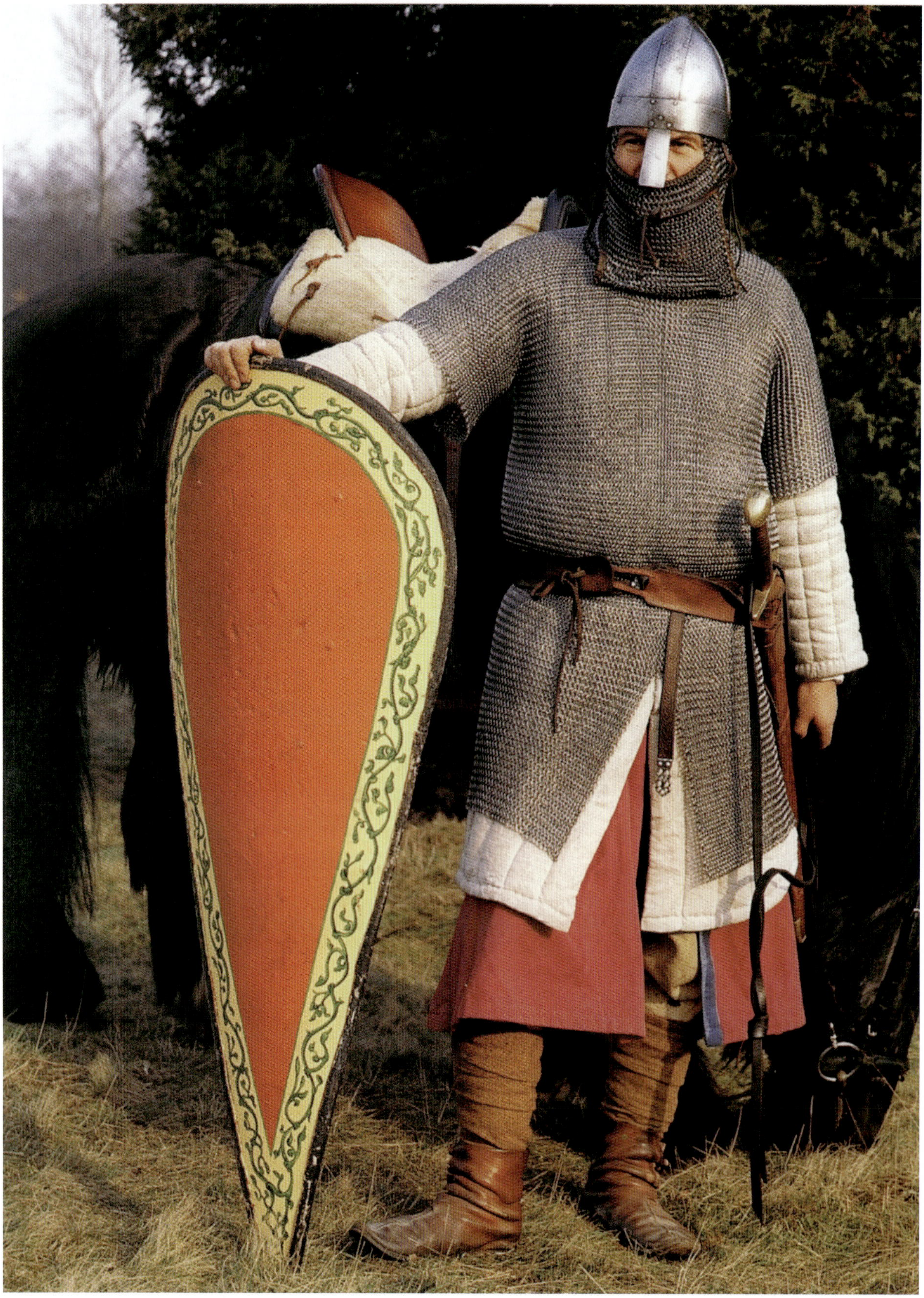

P6 の写真

この 11 世紀のノルマン人の騎兵から、当時の西洋の典型的な防具と衣装の様子がわかる。手にしている長い凧状の盾は、馬上で足と左半身を守ってくれる。兜は円錐状をしており、四つの板金がフレームに取り付けられる形状で、幅の広い鼻当てが付いていた。全身を長い鎖帷子で覆っていた。騎乗するために、鎖帷子の前後には切れ込みがあり、鎖帷子の下には軽くクッションを縫いこんだギャンベソン（綿を縫い込んだ防御用の上着）を身につけた。また、馬上で使うための長槍（写真には写ってない）と剣で武装していた。

剣はいつも神秘的な雰囲気を醸し出した。サクソン人やバイキングは剣に大げさな名前をつけ、美しく細工された刃を父から子へうやうやしく伝承したり、英雄の墓に供えたりした。十字軍の時代には、剣は何らかの古い異教徒の魔法を受け継ぎ、騎士道の象徴になった。後の時代に、戦いを生業とする歩兵が登場すると、剣は中世の戦士の共通の武装となった。（写真：VS ブックス）

右写真

12 世紀後半の十字軍。この当時、リネン類の衣類は鎧の上に着られていた。形はいろいろで、長かったり、短かったり、袖が付くこともあった。騎乗するために、ほとんどは前後に切れ込みがあった。なぜこれらの衣類を着用したかははっきりわかっておらず、雨を防ぐ完璧な防御だったと言える十分な証拠もない。しかし聖地パレスチナの日光の下では、鎖帷子の上に暑さを防ぐ何らかの衣類が必要だった。

暑い日光や冷たい空気に直接ふれると鎖帷子はすぐに極めて不愉快な重荷になった。しかしそこに一枚でも衣類を着ておけば体感温度は全然違った。当初は単純なリネン類や色鮮やかな織物だった。13 世紀になるとその服は着用者の役割を示すための物にもなった。

聖地パレスチナの厳しい気候にも耐えるべく、行軍のための付属品（柔らかい靴、鞍との間に敷く絨毯、水を入れる瓢箪、柵を作るためのロープ、調理用のポット等）を付けている。また、日光と埃を避けるための長いスカーフ（襟巻）も見える。（写真：ジョン・ハウ／モデル：ゲーリー・エンブルトン、タイムマシン AG）

左写真

重いがバランスがよく取れた、初期のノルマン人の両刃のブロードソード。一般的なイメージに反して、中世において剣は毎日身に付けるものではなかった。身分の高い役人が何かの儀式の際に腰に自分の剣を帯びることがあったが、日常的に帯剣することはなかった。（写真：ゲーリー・エンブルトン）

> 神への賛美を口にし、両刃の剣を手にする。国々に罰を与え、民衆を戒め、王たちを鎖で、貴族たちを鉄の輪でしばるために。
> ジョン・ソールズベリー
> 12 世紀

図1：1050～1250年の鎖帷子と兜（右ページ）

A▶これはバイユーのタペストリーに描写されていたのと同じ装備だ。単純な網目状の陰影はおそらく鎖帷子を表現していると思われる。もしくは、当時は鎧をこのように表現する習わしがあった可能性もある。ここに着脱可能なベンテイル（口、鼻、顎などをカバーする小さなフード）は描かれていない。単純な絵なので省略して描いたのかもしれない。（聖セバーの啓示。11世紀半ば）

B▶胸部の上の方に描かれている直角の四角形は、首を覆うシャツを表しているか、もしくはベンテイルかもしれない。自由に描かれたタペストリーの詳細を気にしすぎる必要はないだろう。（バイユー・タペストリー。11世紀後半）

C▶詳細がよくわかる石像だ。明らかに衣類か革で結びつけた帷子が胸部からかかっており、バイユーのタペストリーに描かれたものに良く似ている。（11世紀フランス。C.Mozac）

D・E▶鎖帷子と一体となった鎖頭巾（コイーフ）の2つの例。ベンテイルが結び付けられている。（MSイラストレーションズ。13世紀半ば）

F▶鼻当て付きの円錐状の兜。この兜はヴァイキングやノルマン人に着用され、11世紀を通じて流行した。ベンテイルは紐を通して鎖帷子に結ばれていた。相手の打撃で鼻当てが顔にぶつからないように、兜をしっかりと密着させることは必要不可欠だった。同じ理由で頬や顎を覆う鎖帷子にはクッションを必ず入れた。

G・H▶布製の頭巾（コイーフ）。頭を覆う頭巾は顎の下で結ばれていた。このような頭巾は民間人や戦士、職業や戦争など様々な絵に描かれている。また、クッション入りの頭巾もあった。これらの頭巾は長髪を保つのにも役立った（長髪が流行していた時も、時代遅れになった時も）。髪の長さの流行は現代と同様に時代によって変わった。1095年にはルーアンの地方議会が長髪を禁止する布告を出した。イングランドのヘンリーⅠ世も同様の布告を出したが、両方とも成功しなかった。

伝説によると、美しく長い髪を持った地方の若い兵士は、自分の巻き毛が首を絞める夢を見て、髪を切ったそうだ。同僚の兵士たちもその髪型を真似し、一時的に短い髪が流行した。12世紀の宮廷風のファッションを追いかけるものたちは自分の髪を巻き毛にしていたが、兵士で巻き髪をまねたのはよほど虚栄心の強いものだけだった。

裕福な人々のファッションは、時代によって長くなったり短くなったり、タイトになったりゆったりしたりしたが、労働者や戦士の日常の衣服にはほとんど影響はなかった。動きやすい短さで、かつ身を守るのに十分な長さだったのである。

I▶ケトルハット（やかん状の兜）は顎で紐を結び鎖帷子の頭巾の上に装着した。何度も強調するが、兜は肉弾戦でしっかりと頭部を守るために必要なものであった。ケトルハットの形は様々で、時々色づけもされていたことを、多くの資料は示している。

J▶1240～1250年の文書と彫刻を参考にした。内部にクッション入りの帽子を入れた、頭頂部が丸い鎖帷子の頭巾。金属の輪はしっかりと頭にフィットさせるためだと思われる。

K▶1240～1250年のロンドンのテンプル教会の彫刻を参考にした。止め金付きのベンテイル。金属（あるいは革）の輪は、兜をしっかりと固定するために付けられていた。

L・M・N▶ウェルズ大聖堂のファサード（正面）にある1230～1240年のいくつかの彫刻を参考にした。洗練された戦闘用帽子の例。これは13世紀に発達して、「バケツ（状の）」兜に使われた。（N）を見てほしい。堅くクッションを縫い込んだ襟がついている。これは兜の下端が内部（つまり着用者の首）に当たるのを防いだ。

O▶テンプル教会の肖像がつけていた密着する戦闘用帽子。完璧に頬と口を覆っている。襟の鎖帷子に比べて、滑らかに表現されているので、これは鎖帷子製ではない。おそらく厚い革製だろう。（13世紀。ロンドンのテンプル教会）

P▶テンプル教会の彫像を参考にした。この彫刻は第二次世界大戦中にドイツの爆撃による被害を受けた。顔を丸く覆う付属の紐がついた、この形の帽子は他に見つかっていない。頭頂部が平らな「グレートヘルム」の内側に着用する戦闘用帽子だ。これによって兜がしっかりとフィットする。

Q▶二つの兜は鎖帷子の頭巾から「バケツ（状の）」兜への移行を示している。彩色されているが、形は（P）の影響が見える。これは分厚いが、そこそこに柔軟な革製であると考えるべきではないだろうか。もしこれが金属製のひとつながりの兜だったとしたら、脱着方法が考えられないからだ。（12世紀後半）

R▶1250年の史料には顔部分が開く様々な「バケツ（状の）」兜が記されている。この兜は頭頂部に近いところでしっかりと固定する必要があった。そうしないと、敵からの攻撃がちょっと当たるだけで目のスリット部分がずれて、何も見えなくなってしまう。

S▶上記と同時代の兜。目のスリットが強化され、頬の部分の換気のための穴が見える。この兜に丸い冠が付いたものが14世紀まで使われ続けた。

上写真

内部にフードの付いた鎖帷子は12～13世紀の間、最もありふれた防具だった。首の開く部分は首や顎で縛るベンテイルによって覆われていた。12世紀後半になると、鎖手袋も鎖帷子の袖の一部になった。手袋の部分は革で裏打ちされていた。鎖帷子製の長い靴下も一般的に着用されていた。必要不可欠なクッションを縫い込んだ鎖帷子の下に着る衣服は、快適になるように状況に合わせた形をしていたことは間違いない。金属製や革製や角でできた補強材が初めて使われたのがいつかはまだ分かっていない。（写真：VSブックス）

9

図2：1250〜1360年の胴部の防具（右ページ）

　13世紀には、角・クジラのひげ・革・鉄などで作られた板金が、どんどん防具に取り付けられるようになっていった。「革」や「板金（薄く平らな金属の板）」についての言及がひんぱんに見られる。ひざやすね、肘や前腕部などの突出した部分はクッションを縫い込んだ防具で覆ってから、板金を結び付けていたが、鎖帷子や外套に覆われているため胴部の鎧は見えない。彫刻でも下からかすかに覗く程度なので、上着の下の防具がどのようなものであったかを示す証拠はほとんど残っていない。また、いつから使われ始めたのかも分からない。

　板金はだんだんと発展して体全体を覆うサイズになっていった。板金の下に一般的に着用されていた鎖帷子は、15世紀の終わりまでに徐々に小さくなり、単に板金と鎧の隙間を埋めるだけのものになっていった。

A▶スペイン語の文献に登場する最も初期の「組み合わされた板金」についての描写。（1250年パリ）

B▶聖骨箱に描かれたこの眠っている歩哨を見ると、長い上着の内側に取り付けられた、縦長の板金がはっきりとわかる。織物と板金の鎧は中古の素材と新しい素材が組み合わされていたため、それほど高額ではなかった。板金やクッションを使った、何層も重ねた防具は、鎧を使う時代が終わるまで歩兵によって使われ続けた。（1270年ドイツの修道院）

C▶1270年のフランスの騎士。「板金入りの上着」用の留め金のようなものが肩部分に見える。薄い首の保護つきの鉢状の珍しい兜をかぶっている。しかし、私たちが珍しいと思い込んでいるだけで、実は当時はとても一般的で、ただ資料が残っていないだけの可能性もあるのだ。

D▶騎士の彫像。上着の下に着用された板金の防具の留め金がはっきりと見える。

E▶1315〜1319年のニルス・ジョンソンの記念碑の彫像。鋲で補強された上着が見える。彼の鎖帷子は袖を手首のところでまくってある。一般兵は手袋や籠手を着用していた。手袋や籠手はこの頃使用が広まり、労働用、戦争時、またファッションとして、どの階級でも使われた。

F▶この騎士の絵はスウェーデンの南、ロダの教会の壁に1323年に描かれたものだ。通常より短い上着には補強か板金が施してあり、明らかに全身を鎖帷子でおおっている。1214年のブーヴィーヌの戦いでブローニュのレジナルドは鎖帷子のホース（長靴下）のおかげで短刀の一突きから助かったと言われている。

G・H▶「板金入りの上着」の再現図。マクデブルク大聖堂の13世紀後半の聖モーリスの図と、「戦士から兵士へ、419〜1660年」（参考文献についてはP96参照）の絵を参考にした。

I▶ゴトランド（スウェーデン南東部沖の島）のヴィスビーでの1361年の戦いの跡で見つかった30個の「板金入りの上着」を参考にした図。ほとんどの鎧は数多くの小さい板金から作られていたが、3つの鎧だけは大きな縦長の板金を使っていた。おそらくクッションを縫い込んでいたか、複数枚重ねられた「ポンチョ」に板金が鋲打ちで留められていた。ここに描かれている板金は衣服の下に隠れていたと思われる。初期の鎧がすべてここで説明しているものだと考えてはいけない。産業革命以前の世界では全てが手作りで、一つ一つ違ったのだ。

左写真・左上写真
「板金入りの上着」の再現写真だ。シンプルなケトルハットと足部分を覆うホース（長靴下）を着用している。1350年代のエドワード黒太子の砲手を参考にした。（写真：ゲーリー・エンブルトン）

11

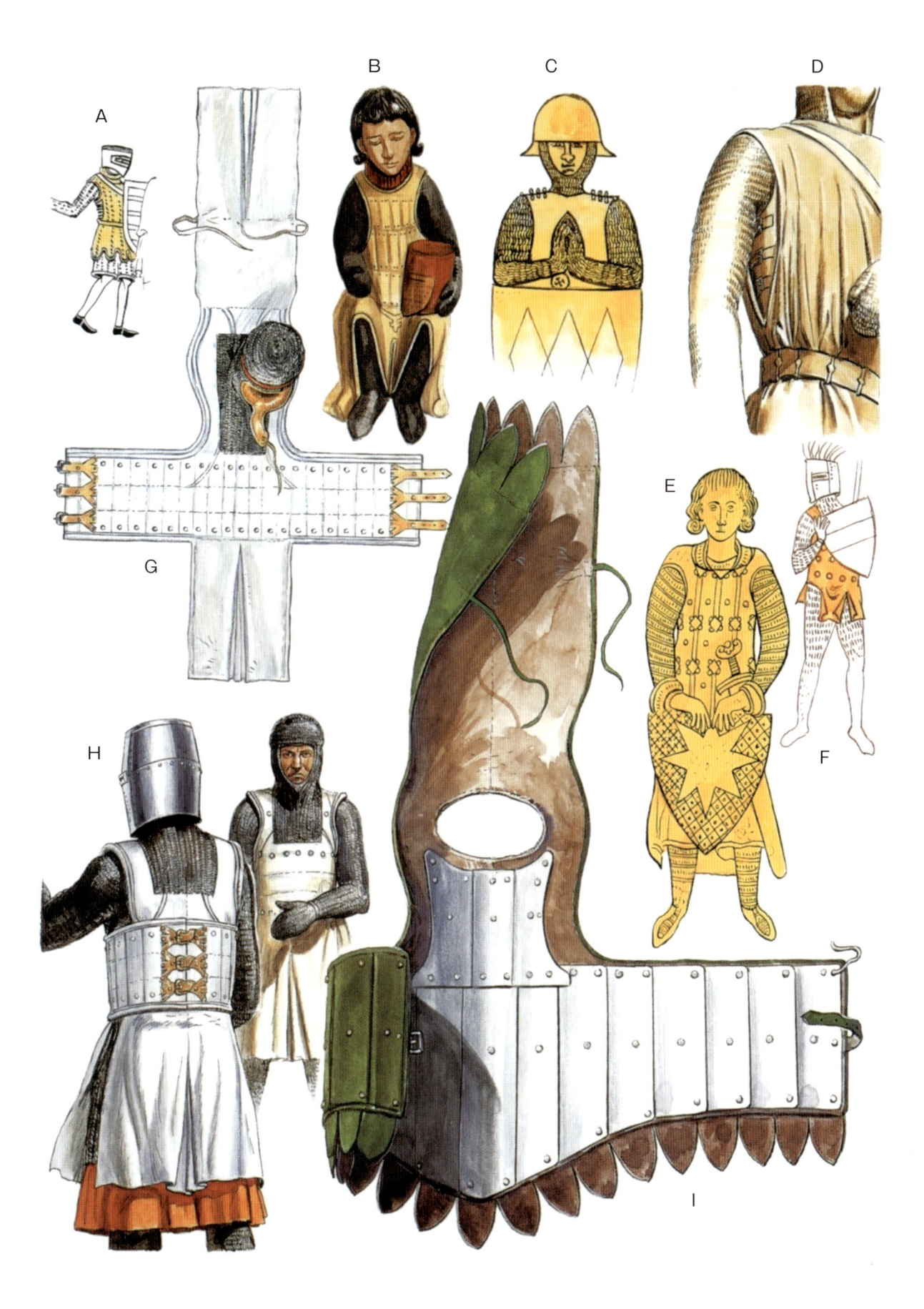

13世紀の兵士

　戦士の持ちものについては詳しくわかっていないが、13世紀の「聖堂騎士団の規則」に興味深いものが見られる。「騎士は武器と鎧に加え武装用帽子、短刀、大小のナイフ、2枚のシャツ、2本のブレー（中世のズボン）、2対の綿入りすね鎧、細いベルト、寝間着や外套等を入れるための大袋、そして鎖帷子を入れるための革製または硬い生地の大袋、留め金はあってもなくてもよいが幅広の剣ベルト、そしてフェルトの帽子を身につけなくてはならない」と騎士団は定めた。

　騎士ほど武装していない兵士は、戦闘用帽子と鎖帷子のシャツ、それに靴の部分は覆ってない鎖帷子のホース（長靴下）を着けていた（この方が行軍しやすかった）。おそらく他の奪った物資とともに、トルコ弓も装備していただろう。十字軍の衣服と装備は確実に敵の影響を受け、灼熱の気候に適応していた。

上写真・右写真
　1300年代初期まで歩兵は封建的で、貧しい農耕地を小作し、封建領主の軍役に従事する義務を負っていた。ポンチョに似た上着やマントとフードのような、所有するなかで最も丈夫で暖かい服を着て、替えの服と持ち物を鞄に入れて持ち歩いていた。武器は自身の所有か、または領主から提供されたと考えられる。もし武器がなければ罰金を払わなければならなかったが、裕福で親切な領主に召集されると十分な装備を与えられたようだ。領主によって状況は大きく変わったのである。
　右の写真の男はひざ下までホースをおろし、寒い秋の朝、ダブレット（腰のくびれた胴衣で、15～17世紀頃の男の軽装）とフードを身につけ木を切っている。チェック模様と縞模様は単純で作りやすいため、私たちの想像以上にありふれたもので、リブリー等のリストにも頻繁に登場する。彼の財布には最も安上がりな金属製の装飾が施されている。仲間たちと小さな集団を作り、賃金で食べ物を買いながら旅をしていたのだろう。1302年に、カタロニアとアラゴンの兵士たちが妻子を連れて王の銀貨を財布に入れ、ビスケット、チーズ、塩漬けの肉、にんにく、玉ねぎを豊富に持ってパレルモからメッシーナまで行った時の記録が残っている。
（写真：ゲーリー・エンブルトン）

下写真

　十分にクッションを縫い込んだギャンベソンやアケトン（鎧下）が、一般兵の通常の防具だ。これは羊毛や綿やぼろぎれが詰め込まれた衣類で、詰め物がずれないようにキルト縫いがしてあった。全身をおおう「板金入りの上着」や、鎖帷子や板金で補強されたクッション入りのシャツはどんどん一般的な物になっていき、描写される騎士の輪郭は堅くなめらかなものになった。これらの武装は身分の低い兵士も着ることがあったかもしれない。1300年頃のイングランドとフランスとフィレンツェの兵士の日給はだいたい労働者と同じであった。招集された小作農たちは、借りた資金に応じて、武装と装備を整えた。1284年にフランスのフォッセーの聖モール教会の大修道院長は、鎖帷子と鉄の帽子と剣と短刀を持った12人の小作農と、ギャンベソンと鉄の帽子と剣と短刀を持った53人の小作農を招集した。それ以外の兵士たちで裕福な者は、鉄の帽子と剣と短刀で武装し、貧しいものたちは弓矢と短刀で武装していた。村々は戦闘に適した武装の大勢の男たちを供給する義務があった。時にはそれらの兵士の武装がいかに貧弱であったかを、査察の報告書は頻繁に記している。（写真：ジョン・ハウ）

上写真

　他の写真の兵士より少しだけ武装と鎧の良い、同じ集団にいた兵士の写真だ。指揮官を示す色に染めた毛織のフードを着用している。ギャンベソン（綿入りキルト生地の上着）の下に鎖帷子を着用している。長槍に加えて、安物だが実用的な剣を持っている。13世紀になって一般兵がどのくらい鎖帷子を着るようになったかは分からない。鎖帷子はすりきれるまでにとても長い時間がかかるので、直したり、つぎはぎしたり、仕立て直すことが簡単にできた。ヨーロッパには着実に増え続ける膨大な鎖帷子の蓄積があったに違いない。なかにはローマ時代やそれより昔にさかのぼる物もあったかもしれない。寒さや茂みから突き出た木の枝から下肢を守るために、この兵士は短いホース、つまり靴下を着用している。（写真：ゲーリー・エンブルトン）

右写真

　この13世紀の兵士は繁栄している村の出身か、または財力のある君主につかえている。彼は新しいギャンベソン、良い毛織の上着、ホース、フードを身に着けている。彼のケトルハットは立派な鋼鉄である（ケトルハットはしばしば彩色されることもある）。そして軽い槍とナイフを装備している。

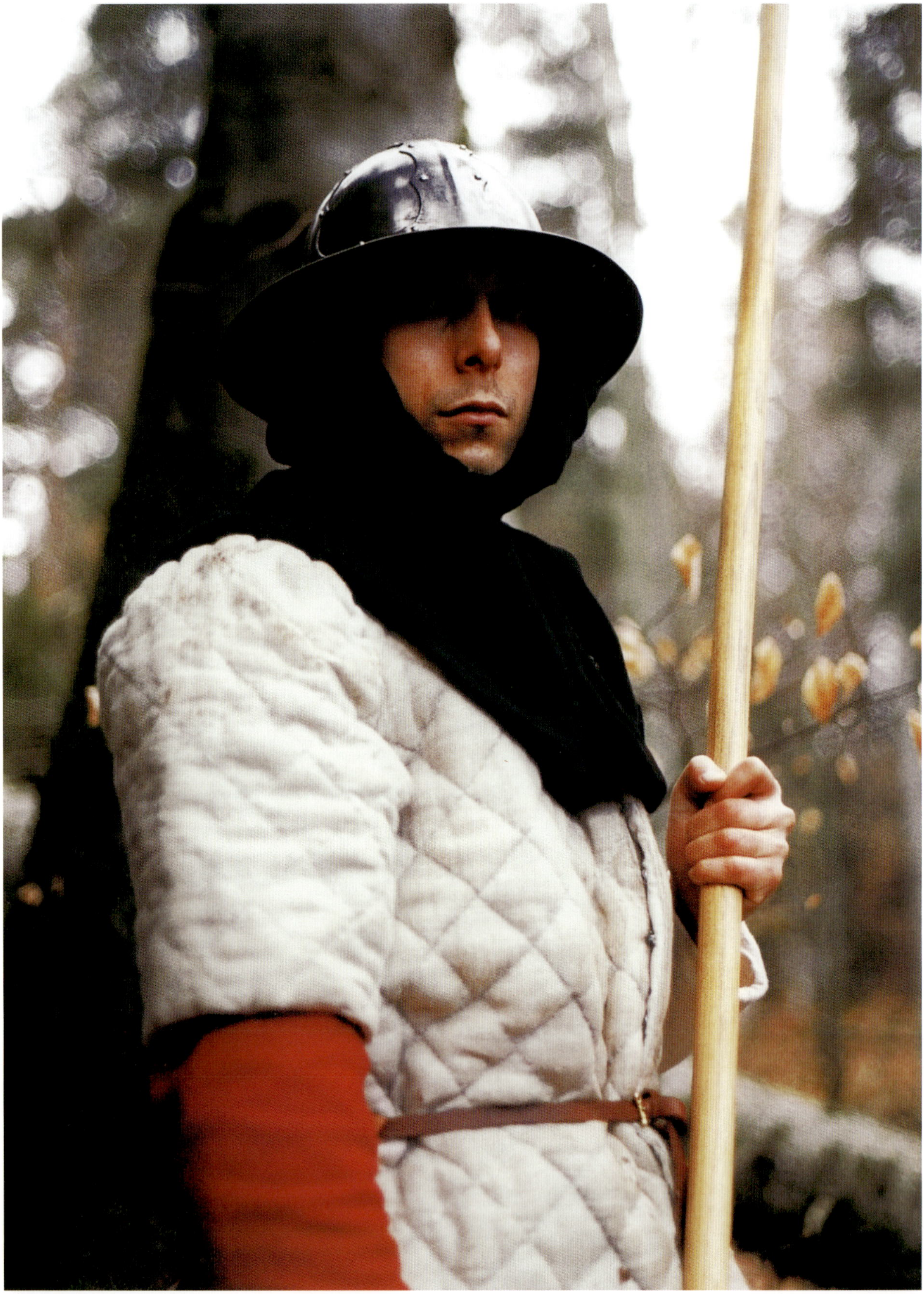

14世紀のハンドガンナー(小銃兵)

下写真

100年戦争の1350〜1375年頃に、エドワード黒太子に仕えたたくましいハンドガンナー。脱色していない羊毛の長いガウンを着て、シンプルな棒状の台座に入れて銃を持っている。

1326年にフィレンツェの評議会は2人の役人を任命した。この数年前に戦場で使われた大砲と弾丸の製造業者の監督をするための役人である。初期の絵によると、銃は円筒状の穴を空けた短い瓶の形をしており、金属製の矢を放った。

人間が運ぶ火器についての最初の記録は1338年のイングランドのもので、エドワード3世の船の装備リストの中に記されている。ロンドンのギルドホール美術館には、そのすぐ後の時代の火器について6つの記録が保管されている。現存する最も古い銃はスウェーデンで1350〜1400年頃に使われていた青銅製の小さな銃だ。太くて短い銃身を簡単に操作するために、木製のステイブ(弓等を発射するときにのせる板)が取り付けられていた。この頃の銃は青銅や鉄で作られていて、ステイブと、たが輪が付いていた。14世紀の終わり頃には、銃尾側の片端がねじ止めされた鉄製の筒が作られるようになった。初期の銃は火縄や火打石の熟練した人によって点火されたが、うまく引火しないこともあった。

次の世紀、つまり15世紀の間に銃身は長くなり、ステイブには彫刻が施された。1460年代には明らかに肩掛けの火器と思われるものが現れた。S字形をした撃鉄の役をする火打ちのホルダーが1411年に描かれている。それからの50年の間に、銃を肩で担ぐために、撃鉄やボタンの様々な留め金が開発された。

最初のハンドガンナーが誰なのか、また、なぜ不安を抱かせるくらい危険で不正確に見える武器を採用したのか、分かっていない。しかし、射撃武器は間もなくクロスボウ(弩)の代わりに使われ続けるほど、効果的なものであった。

現代で再現してみた結果があまり優れなかったとしても、それを使い慣れた人が扱った時の正確性を低く見積もってはいけない。自分が信頼しない武器を選ぶプロの兵士など、いるはずはないのだから。(写真:ゲーリー・エンブルトン)

14世紀の弓兵

軍隊では主力となる重武装騎士たちの周りで、騎士たちの従者と招集された民兵たちが歩兵の役割を果たした。彼らの主な仕事は後方支援で、荷物をしっかりと守ることだった。歩兵は敗北した敵を殺戮するために集められたが、十分に訓練された棒と飛び道具で武装した歩兵が、戦術上の重要な位置を占めることは14世紀半ばまでは、ほとんどなかった。

イングランド軍では長弓兵がどんどん重要になり、ヨーロッパ中で成長していた裕福で独立した都市は、防衛のための有能な兵士を必要としていた。そのため、歩兵の重要性は増し、報酬も良くなった。100年戦争の頃、高い技術を備えたイングランドの弓兵はヨーマン（ジェントルマンより下位の自作農）であった。小作人だからといって下に見てはいけない。平和な時は農民であったかもしれないし、職人や小規模な商人だったかもしれないが、給料をしっかりともらった人々は、自分たちの社会である程度の資産を得る手段があったのだ。

大陸中の都市が市民に歩兵の訓練をした。ある者は借金の代わりに従軍し、またある者は罪人で恩赦を得るために従軍した。全ての軍に、よそ者の傭兵たちがいた。一部の指揮官たちは、他の兵からいぶかしげな疑いの目で見られながら、熱心に大量の傭兵を雇い入れた。一部の傭兵は忠実だったが、ほとんどの者たちはどの戦争でも、単純に金と略奪目当てに集まった。彼らが戦争のために旅をしたことと、比較的成功したことは、服装と武装に反映された。大陸中で服装は共通していたが、傭兵の服装には共通したものはなかった。1350年代初め、イタリア人の雇用主はカタラン人の兵士たちの髭が気に入らなかったし、その1世紀後にはドイツ人の長髪をおもしろがったりもした。

1340年代のフランスの宮廷では突然ファッションが変化した。長くてゆるやかなチュニックやオーバーチュニックから、短くてタイトな服に変わった。この新しい変化はイングランド、イタリア、ドイツにも広がった。おしゃれを気取った男たちは自分の頭髪を刈り込み、長い口髭をたくわえた、まるで「スペイン人のよう」なスタイルになった。フランス王のフィリップ6世はこの退廃的な恰好に反対した。一部の宮廷人や騎士とその従者たちは古いファッションにしがみつき、一方でその他の宮廷人は可能な限り新しいファッションを着ようとしたようだ。上流階級のファッションが、兵士の衣服にどのくらい影響を及ぼしたかは、よく分からない。しかし、14世紀の年代記編者のナイトンはこのように記述している。「うぬぼれの強い一般人たちの衣装はとても豪華だ。だれが富豪でだれが貧乏人か、だれが上流でだれが下流か見分けがつかない。」

右写真

1346年9月14日にエドワード黒太子の書記であったジョン・ブラハムは、黒太子から緑と白の布を買うよう命じられた。フリント出身のウェールズ人の弓兵に着せる、コートパイ（上着）とシャペローン（15世紀ころ用いた冠から長い布が下がるターバンのような帽子）を作るためである。どちらの衣装も右半分が緑色で反対側が白色だった。コートパイがどのような衣装であったかは分からない。短いチュニックのことかもしれないし、たくさんの種類の上着のことを呼ぶ別の用語だったかもしれない。（写真：ゲーリー・エンブルトン）

左ページの写真

典型的な屋外用の衣服を着た、14世紀の狩人。戦争の時は、彼の技術と装備は多少変えるだけですぐに戦場で活躍できた。（写真：デヴィッド・レーゼンビー、中世センター）

この写真を見ると、綿密な調査と慎重な作業を行えば、誰でもこの衣装を再現できることがわかる。この衣装は本書のために「アーテファクト」のジュリー・ダグラスによって作られた。この弓兵の外見については1320〜1340年の文献と、グリーンランドとスウェーデンで見つかった中世の衣服の模様を参照した。また、多くの同時代の描写も参考にした。

下写真
　15世紀の終わりごろまでに、しっかりと刃のついた短い剣が広く使われるようになった。この写真は多くの同時代の絵を参考にしている。

左写真・上写真・右ページの写真
　平織りの羊毛でできた白い服はヒトツバエニシダ（学名サロサムヌス・スコパリウス）とインディゴで緑色に染められた。ホソバタイセイ（学名アイサティス・ティンクトリア）は手に入らなかったが、タイセイ（大青）とインディゴ、合成のインディゴが特徴的な青色を出し、変色しないことが分かっている。ジュリー・ダグラスは「私はエニシダと一緒に玉ねぎの皮を使った」と書いている。玉ねぎは中世の食事によく使われたし、使いやすく速く明るく染まる染料でもある。玉ねぎが黄色の染料として使われなかったとは考えにくい。植物の染料で衣類を染める場合、衣類と同じくらいの重さの植物が必要だった。黄色の染料として使える植物は数多く存在したので、黄色の染料が手に入る場所ではどこでも、たくさんの染料が使われて、色の「カクテル」を作ったと考えられる。

　彼の着ているコイーフ（頭巾）と肌着は、しっかりとした目の粗い平織りの生地でできている。マンクス・ロートン羊の毛で編まれた茶色の平織りの生地はホース（長靴下）に使われた。直線縫い、かがり縫い、返し縫い、上着のボタンホールステッチ、トップステッチ（縫い目に沿って表側からかけたステッチ）など、あらゆる縫い方が用いられた。襟足などに使われる細い布の紐はこの時代が起源である。漂白してないリネンの糸は縫い糸として使われた。ただし、フーク（上着）とフードは例外で、二つよりの染色された羊毛の糸で縫われた。

上写真

ノルマン人の征服の頃から16世紀まで、誰もがフードを被っていた。肩を守るケープは、天気が悪い時はフードとしても実用的で暖かかった。フードには首の周りに厚い生地のスカーフ（襟巻）があり、巻き上げて帽子の形にすることができた。さらに、荷物を運ぶための鞄の代わりにもなった。13世紀以降、これが小作人や労働者、旅人の普段着であった。着用者が誰に忠誠を誓っているのか、またはどのギルドや軍団に所属しているかが、衣服の色で特定できた。また、狩人が森の中に潜む時や、暗殺者が顔を隠すのにも重宝した。この当時の兵士たちが行った、荒っぽい遊びがある。一人がフードを逆にして目隠しをし、他の者は自分のフードを棍棒状にして殴るという遊びだった。私たちは写真用に2枚のフードを製作した。一枚は普通で、もう一枚は端に切れ込みを入れたものだ。フードの端に「葉っぱ」状の切れ込みを入れたファッションはイングランドのヘンリー1世（1100～1135年）の時代に現れ、幾度となく贅沢を規制する法律が出されたにもかかわらず、15世紀まで続いた。フードやガウンの切れ込み装飾は、宮廷や都市では見栄えが良く、手軽な値段だった。しかし、端に何枚も生地を使い、バラや葉、花などの精巧な装飾を入れるのは、金持ちにしかできなかった。

右写真

この弓兵の弓はイチイ材でできている。ラトレル詩篇※に見られる像を基にして、弓を忠実に再現した。（写真：ゲーリー・エンブルトン）

※ラトレル詩篇：豪族ラトレルが作らせた旧約聖書の詩篇の写本。挿絵に当時の生活が描かれている。

右写真

14、15世紀にはフードを帽子のように被るのが一般的だった。顔が出るようにまくり上げ、端を頭の周りに巻いた。ケープは頭頂部から垂れ下がる鶏冠状の帽子になった。これが、任務後、兵士が夜遊びする時に着飾るやり方だ。これが洗練されて、おしゃれな「シャペローン」になった。シャペローンは仕立て屋が作る、クッションを縫い込んだ長い巻き布だ。葉っぱ形の「切れ込み」を入れて仕立てることも、何もせず簡素なまま使うこともあった。

1432年、ブルゴーニュのフィリップは自分の護衛の弓兵のリブリー（そろいの服）の一部として、クッションを縫い込んだ縁、つまりシャペローン付きのフードを注文した。15世紀半ばにはシャペローンは貴族のだれもが制服のように被っていて、頭部から垂れ下がる布がついているものが多かった。この布は肩にかかることもあれば、肩より下まで垂れ下がり腰のベルトに当たるものもあった。

左写真

「フーク」は上着、もしくはフード付きマント、またはガウンのことを意味している。男女どちらも着ていた。しかしこの用語はリブリー（そろいの服／P45参照）の上着のようなものを意味することもあった。

1439年にリチャード・ヨーク公爵がフランスに遠征した際に、サー・ジェームス・オーモンドによって雇われた、ヘレフォードシアのサー・ジェームス・スキッドモアの配下の弓兵がこれを着ていた。オーモンドが以下のように命令したのだ。「ジェームス（スキッドモア）は自分と配下の弓兵には私の主人である公爵のフーク（上着）を着せなさい。そして、同程度の兵士並の給料を払いなさい」

ジャンヌ・ダルクが捕まった時、彼女は側面が開いている金のフークを着ていた。これは明らかに袖なしの陣羽織のような衣服で、1459年にサー・ジョン・ファストルフが着ていた衣装のようにギザギザの切れ込みの装飾が施された黒のフークだった。この用語は1295年に伝令士のマントに使われた。

あかね（セイヨウアカネ）で橙赤色に染められたこの写真のフークは、14世紀初期に弓兵が着ていたポンチョの一種だ。帽子のようにフードをかぶり、覆いのついた弓を持っている。（写真：ゲーリー・エンブルトン）

14世紀の騎士

　羊皮紙や羽毛、木材などの軽い素材でできた兜飾りは、顔まで覆う兜が発達した直後に登場したと思われる。イギリスで最も初期の代表例はリチャード1世の兜の羽の形をした兜飾りだ。これによって着用者が誰であるかを分からせ、飾りは雄のクジャクの形に見えた。しかし、飾りは常に紋章の役割を果たしたわけではなく、馬上槍試合では空想的作品の域にまで達した。実戦ではこれらの飾りはだんだん使われなくなり、羽毛や小さい装飾に代わった。宝石が付いた金色の玉は15世紀に人気があった。ほとんどの一般兵の兜には装飾がなかったが、時々スカーフ（襟巻）をターバンの様に兜に巻きつけたり、ごくまれに兜を羽毛で装飾することもあった。裕福な家に仕える護衛兵は、兜を宝石や羽毛で装飾したこともあったかもしれない。ブルゴーニュやフランスの将校は時々ヘルメットに小さな旗をつけ、そこに彼らがどの部隊であるかを示す数字を記した。（写真：デヴィッド・レーゼンビー、中世センター）

右写真
　14世紀の騎士だ。盾と鞍と馬よろいに自分の紋章が記してある。個々の騎士が区別のために自分の旗や盾に描かせた色や衣装が、さらに複雑な家系の紋章に発展したかは明らかではない。紋章が描かれるようになったのは12世紀半ばに始まったと思われる。最初は、幾何学的な模様や動物やものだった。それが15世紀までにとても複雑な技術を使った紋章に発展した。共通の基本的なデザインに加わる小さな違いが、その一族のどの立場にいるのか、また、どの分家であるかを示していた。紋章には全ての種類のシンボルが使用され、そのシンボルは騎士と従者の家系を示す紋章にも描かれた。（写真：デヴィッド・レーゼンビー、中世センター）

明るく輝く鎧

ちょっとした雨、湿気、汗のせいで、夕方には明るい鉄の鎧には赤い錆が浮く。手入れをしなければ、鎧はしっかり機能しなくなる。鎧は貴重なものであり、その外見は威信に関わった。そのため、鎧が軽石やオリーブ油で綺麗にされ、栄光に輝くように磨かれたことを示す文献は多い。他のパーツの下じきになったおかげで何世紀もの間保護されていた、板金鎧のオリジナルの表面を見たことが二度だけある。それは博物館に収蔵されている鎧の表面とは違い、まさしく現代に作られた鋼鉄製の鏡のようだった。鎧は保護のために、鍛冶屋で時々錫メッキをしたり、染物屋で青や茶色や黒色にぬられたりした。

鎖帷子はきれいにしておくのが難しかった。油が少なければ、しまってある間に錆びてしまう。油が多すぎると埃が集まり、衣服が脂ぎった埃で汚れる。鎖帷子は砂と酢の袋の中に丸めて入れたり（1296年）、単純に砂入りの樽に入れたりして保管した。

下写真

軍役に召集されたものは装備を自分で整える責任があったが、13世紀に入ると大規模な武器の商業生産が始まった。このことが、次の一例で十分に分かると思う。1295年にフランスのフィリップ4世の軍隊を武装させるため、以下のものが代理人によって購入された。6309個の盾、1374個の兜、クッションを縫い込んだ上着4511着、751対の籠手、1374個の腕の補装具、5067個の鉄の板金、1885個の弩、666258本の矢、13495本の槍もしくは槍の穂先、1989個の斧、14599本の剣と短刀。15世紀までに生産は工業的規模にまで拡大した。1427年、ミラノの武器屋は数日で2000人の歩兵と4000人の騎兵の装備を整えた。（写真：デヴィッド・レーゼンビー、中世センター）

図3：1250～1370年の頭部と首の防具（右ページ）

A▶金属製の首の防具についての最初期の記述が13世紀の終わりにある。1314年頃のドン・アルヴァロ・デ・カブレラの肖像画は最初期のものだ。襟は首と顎の周りをぴったりと覆い、クッションの入った鎖帷子製のコイーフ（頭巾）と一緒に「グレートヘルム」をしっかりと支えている。（パンプローナ教会）

B▶鋼鉄製の襟は喉と顔の下半分を守っている。ケトルハット（やかん状の兜）をかぶっていれば、それはスペインで人気のスタイルだ。

C▶1333年頃のフランスの騎士。しっかりとクッションが入った鎖帷子のコイーフと兜の土台となる小さな鉄製の帽子が見られる。しっかりとクッションを入れて留められたアケトン（鎧下）の袖が鎖帷子の下に見える。金属製のロンデル（円型の防具）は肘で鎖帷子に結びつけられている。

D▶1360年頃のシュヴァリェ（フランスの最下位の貴族である騎士）のマホウ・ド・モンモランシーの真鍮製の埋葬品にはとても丈夫な鎖帷子の襟が見られる。鉄製の襟と同じ様に、顔に兜がぶつかるのを防いでいる。

E▶1364年頃のサー・マイルズ・ステイプルトンの真鍮製の埋葬品にはアーベンテイルが見られる。このアーベンテイルは兜のへりから垂れ下がった鎖帷子の幕で、顔の周りがぴったりと覆われている。堅いクッション入りの鎖帷子の襟を下に着用していたと推測される。当時一般的だったこの絵の銃弾型をした兜は、ゆるく裏地のついてない垂れ下がった鎖帷子のアーベンテイルとはつながっていない。

F▶1347年頃のサー・ヒュー・ヘイスティングスの真鍮製品にはとても丈夫な首の防具が見られる。胴体と脚を守る防具には、リベット（鋲）を打った布または皮製の内側に板金を入れたと思われ、同様の防具が（D・E）にも描かれている。このような構成は15世紀も続いた。

G▶一般兵士がこの当時着ていたクッション入りの胴体の防具には独立した保護用の襟が見られる。

H▶1350年頃の可動式の「鼻のバイザー」の付いたバシネット（中世の軽い鉄兜）は、古典的な鼻当てのついたヘルメットとバイザー（顔面を保護するおおい）付きのヘルメットとの間の過渡期のスタイルであった。2つのロック可能な留め金は鼻当てを定位置に固定するためのものである。もちろん、パディング（クッションを入れること）とヘルメットをしかり固定することとアーベンテイルは非常に重要であった。鼻当てが打撃を受けると、着ている者の歯も確実に衝撃を受けたからだ。（現存する例、チューリッヒのスイスランデス博物館）

I▶1370年頃のミラノのベルナボ・ヴィスコンティの追悼の壁画には、キルト生地のジャック（中世の歩兵の上着）または戦闘用のダブレット（腰のくびれた胴衣で、15～17世紀頃の男の軽装）が見られる。それらは単体で着たり、鎖帷子の下に着たりした。そしてクラップバイザー（兜の頬当て）は間違いなくクッション入りのアーベンテイルと一緒に着用された。

J▶クッション入りのアーベンテイルは紐で兜に固定した。ヘルメットに付いている短い管状の留め具を、革製のアーベンテイルの縁にある穴にはめ込み、その上から管状の留め具に紐を通すことで固定することができる。

K▶1319年頃のこのアルブレヒト・フォン・ホーエンローエの肖像には、バシネットと兜が描かれていると思われる。

L▶1370年頃のドイツまたは北イタリアのバイザー付きバシネット。これは人気があり、比較的実用的な戦闘用兜であった。

M▶1370年頃のクラップバイザー（兜の頬当て）。現在スイスのシオン（ジッテン）にあるヴァラリア博物館所蔵。

23

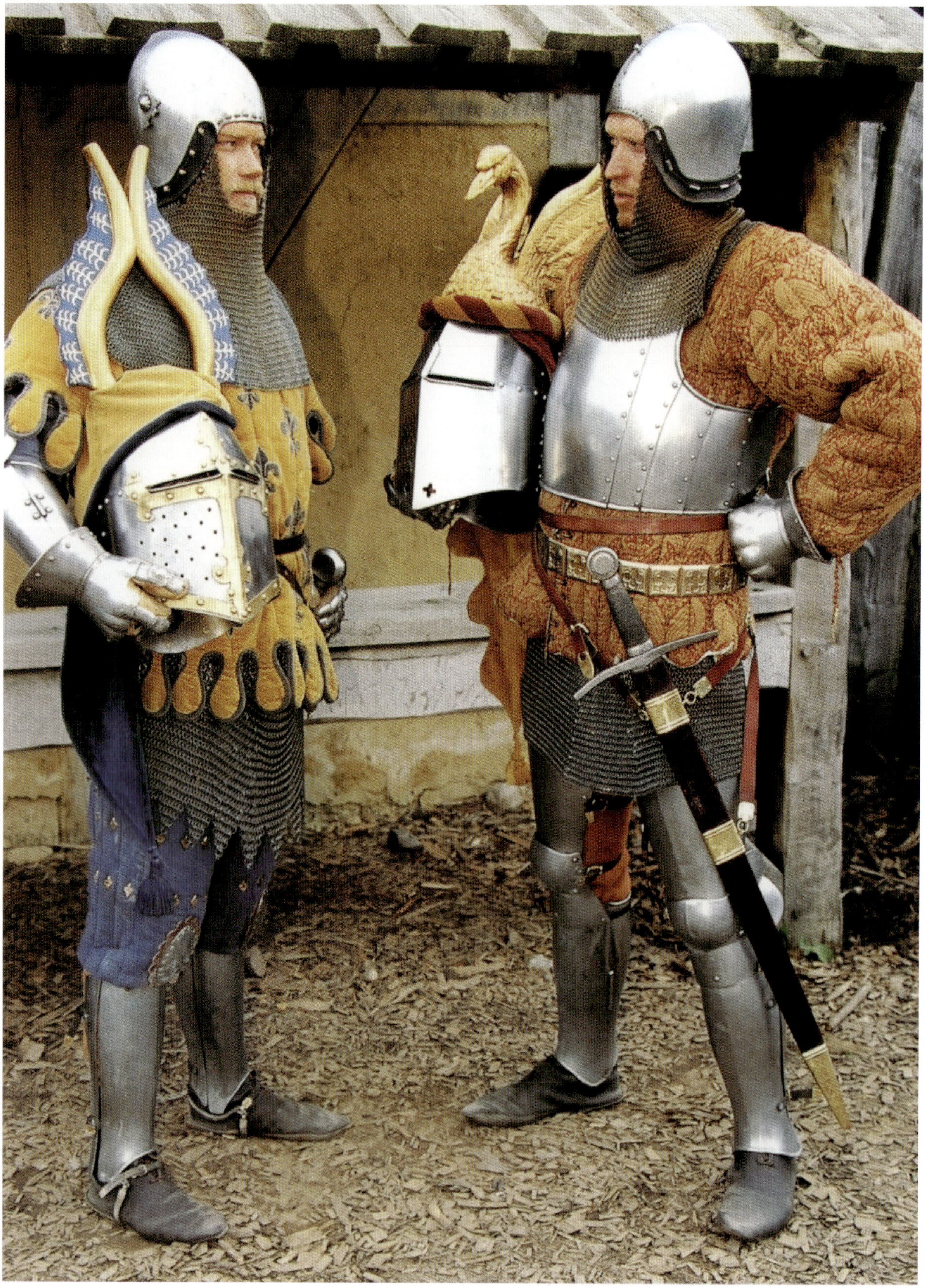

左ページの写真

14世紀後半のおしゃれな騎士の武装だ。馬上槍試合のための装飾が施された兜と、完全に板金で覆われた鎧をつけている。鎧の一部は豪華な衣服の下に隠れている。また、鎧の一部は鎖帷子によって補われている（P26・図4参照）。バシネット（中世の軽い鉄兜）を単体でかぶるか、または「グレートヘルム」の下にかぶるかしていた。左側の人物のバシネットはバイザーが着脱可能だ。

装飾と軍事的表示はとても重要だった。その人が誰であるかを特定させ、素晴らしい業績に注目を集めさせるだけでなく、きびしい競争の世界での成功を知らしめるためにも大切だったのである。装飾は富を意味した。そして富は権力を意味した。権力は新しい味方と仲間を引き寄せ、潜む敵や反逆者を見破った。装飾に大金が投じられたことが、家計の記録にも残されている。旗や天幕や槍旗や、さらには船の帆も装飾されたことが分かる。刺繍や絵やアップリケ（縫い付けた飾り）は紋章を示すのによく使われた。

1352年にイングランドのエドワード3世のために、330枚の軍旗に絵が描かれ、アップリケが縫い付けられた。そのうち250枚は、一枚あたり約2.3mの梳毛糸と約1.4mのリネン糸を使用し、朱色と空色に染められた。80枚の黄色と青色の梳毛の旗には豹とフランス王室のユリ型紋章が描かれた。18人の絵描きが12日間働き、50人の労働者が縫ったり、ろうで処理したりするのに一か月近く働いた。

1345年から49年にかけての王の外套にはそれぞれ約1.1mの青と赤の布と約1.4mの布が使われ、勢獅子とフランス王室のユリ型紋章が描かれた。1351～52年にエドワード王の弓兵にはコートバイ（上着）が支給された。このために15人が日給4.25ペンスで12日間雇われた。

1352年にエドワードのための深い青色の天幕が注文された。それには黄色の梳毛で星と王冠があしらわれていた。1386年にブルゴーニュのフランコがイングランドに侵攻する準備をした時、公爵の絵描きであったメルキオール・ブルーデルラムは、軍旗に公爵の紋章と座右の銘を金字で装飾した。（写真：デヴィッド・レーゼンビー、中世センター）

上写真

14世紀の砲手は火矢から守るための濡れた覆いのついたマントレット（携帯用弾丸よけの盾）の下で射石砲を発射した。攻囲戦の間、砲手のケトルハットはとても実用的だった。全方位の視界が得られ、矢と太矢が飛びかう戦闘では良い防具だった。

轟く銃声と火薬の煙は馬を怖がらせる以上の働きをした。城の城壁は砲撃によってひび割れたのだ。現代における実験の結果、トレバシェット（投石機）のような包囲攻撃兵器は、予想以上に正確で破壊力があったことが分かった。これらの新しい兵器は防御を固めた都市や城の優位性を決定的に変えただろう。平野の合戦では、大勢の弓兵が重武装した騎兵の支配に立ち向かっていた。次の世紀には、大勢で作戦的行動をとる規律のとれた歩兵が台頭し、これが必然的に軍の構成を変えたのである。（写真：デヴィッド・レーゼンビー、中世センター）

図4：14世紀のギャンベソン、プールポワン、ジポン、紋章付き陣羽織（右ページ）

これらの用語はすべて、ある種類の鎧と一緒に身に着けていた防御用の衣服のことを意味している。しかし、14世紀のこの用語が何をさしているのか正確には分からない。中世の人々の用語の使い方はとても自由で変化しやすく、矛盾することもある。全ての物を正確に分類しようという、現代的な考え方は当てはまらないのだ。

A ▶ 14世紀後半写本より、聖ジョージ。彼はキルト生地のギャンベソン（綿を縫い込んだ防御用の上着）を着ている。おそらく下にはこの時代の騎士の典型的な「くびれた」シルエットである板金の防護を着けている。ヘルメットから肩にかけて、彼のアーベンテイルに注目してみよう。クッション入りの裏地なしで、鎖帷子は首の付け根から垂直に垂れており、防御機能は弱い。

B ▶ ワルター・フォン・ホーエンクリンゲンの墓石。彼は1386年9月にスイス軍に殺された。彼の特徴的なバシネット（中世の軽い鉄兜）から、マスクのバイザー（顔面を保護する日よけのおおい）をはずしている。キルト生地または皮で覆われたアーベンテイルは鎖帷子が縫い込まれ、その鎖帷子の端が見えている。長袖のクッション入りギャンベソンの上に胸当てをつけている。胸当ての右側には槍支えが付いている。このギャンベソンは流行の形で、鎖帷子の上に着ていたのだろう。大きなあつらえの袖と「くびれ」のある板金のガントレット（手甲）に注目してみよう。クッション入り防護服・甲冑・鎖帷子の組み合わせは、この当時騎士とその従者たちが着ていたものだ。スイスのルツェルンにあるレイシ博物館には、センパハで捕えられたオーストリアのレオポルト3世が着ていた鎖帷子が所蔵されている。これは鉄で作られたすばらしいもので、ホーエンクリンゲンのギャンベソンの流行を取り入れている。つまり3つの異なるサイズの穴が使われているのだ。

C ▶ 聖ジョージのこの姿は14世紀末の騎士の出現を完璧に表している。幅広く使用された「フンドスカル（犬面）」のバシネット（中世の軽い鉄兜）を着けており、そのベンテイルは肩と胸に結ばれていた。これは通常のことで、鎖帷子は非常にしなやかなので、動きを制限し過ぎることはなかった。

チロルのクールブルグに現存するフンドスカルのバシネットには、聖ルカのすばらしいラテン語が引用されている。「しかし彼はそれら全てを通ってまっすぐに歩き、そして立ち去った……」

D ▶ たくさんのパッディングがされたアーベンテイルの内部の様子が、ブルゴーニュのフィリップ2世（ブルゴーニュ公）の墓石にはっきりと見てとれる。現在はディジョンにあるボーザール博物館所蔵。

E・F・G ▶ シャルル・ド・ブロワのプールポワン（刺子にした綿入れ胴着）。彼はブルターニュ公国の王位を狙ったが、1346年にアヴレーで殺された。そのかつての美しいクッション入りの生地は今では色あせているが、そのシルエットは（C）と同じである。ボタンはシルクで覆われた木だろう。

H ▶ フランス王シャルル6世の紋章付き陣羽織（またはジポン、プールポワン、ダブレット〈腰のくびれた胴衣で、15～17世紀頃の男の軽装〉）。14世紀末のもので、シャルトル大聖堂に保存されている。生綿(きわた)を詰めたキルト縫いの白リンネルで、深紅色のダマスク織りのシルクで覆われている。左側には剣のさやの革紐をつけるための2つのスリットが入っている。

これらの衣服には半球形のボタンが腰の上に付いており、下側には平らなボタンが付いている。これらを「市民の服」と見なすのか、「軍隊の服」と見なすのか、歴史家の間で見解が一致していない。

上写真

一般兵とは何者だったのだろうか？　彼は当時を生きた数十万人のうちの一人であり、おそらく村や町出身であり、稀に都市の出身者もいただろう。かつては根無し草の旅人、犯罪の常習犯、冒険を求める退屈した職人や小商人、逃げ出した徒弟、王や地方の領主に仕える召使などであり、法的な義務を果たすために、栄光を求めていたか、もしくは略奪と強姦をする暗い夢のために従軍した。もしかすると数回の遠征を経験した賃金の高いプロのベテラン兵士かもしれない。あるいは、徴兵されて途方にくれた農民で、困難な撤退戦の時に病気の者や飢えた者をどぶに置き去りにしたかもしれない。

ある人々にとっては兵士になることは成功を意味した。チェシア州のサー・ロバート・ノールズは、元は一般の弓兵だった。サー・ヒュー・カルヴァリーも同様だった。荒削りなロバート・ロウアーは一般兵から始めてエドワード2世に仕えながら出世して、オールドハム城の城守になった。しかし頻繁に戦争があった時代には、男の運勢は浮き沈みがあり、ロウアーは1323年に反乱罪で処刑された。低い身分出身だったが勇壮なコルバンは、ブルゴーニュ軍で300人のイギリス人の指揮官に出世したが、1477年のナンシーの戦いで大砲の砲撃で戦死した。

鎧や武器、支給されたコートやひとそろいの衣服以外の兵士の「装備」は、進軍するときに運べる個人的な所有物ぐらいだっただろう。つまり、財布、食事用ナイフ、スプーン、ボウル、衣服、下着、靴、外套、持参した寝具などである。通常、兵士たちは小さなグループで移動し、軍隊の集合地点に集まった。料理用のポット（深鍋）や糧食など、いくつかの道具を共有し、運のいい時には荷馬車や荷馬も使えただろう。（写真：デヴィッド・レーゼンビー、中世センター）

27

14世紀の従軍した女性

普通、女性は従軍商人、給仕女、妻、洗濯女、または売春婦として、中世の軍に同行した。女性が軍の中にいることは時に厳しく統制された（宿営地で売春婦を発見した場合、彼女の持ち金を没収し、腕を折り、追い払ってよい、とイングランドのヘンリー5世は命令した）。そのとき以外は、女性が相当の数いても許容され、労働力として雇われた。ブルゴーニュのノイスにおける1475年の包囲戦では、宿営地で働く4000人の女性がトランペットと管楽器の音に合わせて行進した。彼女たちにはボルドーのチャールズの軍旗が渡されて、ライン川の流れを変えるための運河で働いた。

とても稀にだが、領主階級の女性が実際に軍を率いて一族の封建的義務を果たしたり、兄弟や夫の側で（もしくは死んだり獄中にいたりする夫の代わりに）戦うこともあった。どんな階級であっても、城や都市を守る時に女性は重要な役割を果たした。一般兵として戦った女性も少なくとも1名知られている。女性であることを仲間の兵士たちは知っていたが、見た目も振る舞いも男性として通用するくらいたくましかった。戦闘で男性と同じ衣服と鎧までまとった女性たちもいた。ただし、これらは稀な例だ。

ほとんどの女性は料理を作り、病人を看護し、宿営地を快適な場所にするために働いた。男性と同様に、女性も環境と困難に見合った服装をしていた。貴族の女性は自分の夫や親戚、保護者である騎士と同じ生活をした。広々とした天幕と宿営地用の馬車と、大勢の召使いに囲まれて暮らしたのだ。身分の低い兵士の妻たちは納屋の中や垣根の下で一緒のマントで寝た。おしゃれで可愛いドレスや頭飾りなどはめったに目にすることがなく、宿営地にパーティーの恰好で来る者もいなかった。

左ページの写真

　14世紀の疲れ果てた隊長を迎える光景だ。兵を編成して教練するつらい日々の後の帰宅である。彼は戦闘のない、まだ安全な行軍に妻を伴い、商人の家を地位にふさわしい宿舎とした。彼女は騒々しい馬と大騒ぎする従者や弓兵の騒ぎのなかで起床した。彼は埃と汗を洗い落とし快適なガウンに着替え、妻と夕食をともにする。そして、その日あったことの詳細について話す。彼の部下の軍隊や彼女が切り盛りする家計についての話だ。隊長の妻はこうした世界でうまくやれるように育てられた。彼女が親戚付き合いをどうすれば良いかよく理解していること、軍事についてほとんどのことを理解していることは、夫に癒しを与える。妻は、きれいに漂白されたリネンと、良質のイングランド製の羊毛をフランダースで編み上げ、フローレンスの近くのプラトーで染色したガウンを着て、快適そうだ。この服装は高価だが、彼女を喜ばせるためには必要なものだ。（写真：デヴィッド・レーゼンビー、中世センター）

右写真

　一方で、20人を率いるビンテイナーの妻は、料理に使う樹木を探しに出ている。彼女は宿営地からの煙と騒音を見ながら、どんなスープを作ろうか考えている。夫は乱雑な農園に、部下の兵士の寝床を見つけた。生活は大変だが、そんなに悪くはない。彼は分別があり、とても尊敬されている男だ。いつも遠征から財布に金を入れて帰ってくる。ときどき驚くほどたくさんの金が入っていることもある。

　今回は彼の5回目の遠征で、彼女が同行するのは2回目だ。彼女は5人の子供を産んだ。残る3人は歩兵となって死んだ。生き残っている2人の女の子は16歳になるより前に結婚して、今はいない。だから、彼女には家に残って守らなければならないものはないのだ。

下写真・右写真

彼女は自分で作って染めた黄色のカートル（女性用のガウンまたはスカート）を下に着ている。上着はタイセイ（大青）で染めたガウンだ。これは夫が彼女のために見つけてきた。袖におしゃれなボタンが付いていて、数枚のパネル（スカートなどに別布で縦に入れた飾り布）のおかげでしっかりとフィットすることに、彼女は満足している。

これらの衣服の模様は20世紀初めにグリーンランドのヘルヨールヴネスで発見された物に基づいている。野菜染めの羊毛とリネンの糸と当時用いられたと考えられる縫製技術を使って丁寧に再現した。胴の細いパネルは体型に合う形になっている。ただし、このガウンが「裕福な」女性の物であった証拠は何もない。ボタン付きの袖は14世紀の典型的な衣類だ。働く時に動きやすいよう、スカートのすそを短くする方法が2つあった。1つはすそを前で引き上げる方法で、もう1つは臀部に巻いた2番目のベルトですそを留める方法だ。（写真：アン・エンブルトン／再現：ジュリー・ダグラス）

右ページの上写真

1470年代にスイスの軍団に従軍した女性が、暑く長い一日の終わりに仲間の食事を作っている。シフトドレス（ゆったりしたワンピース）の上に単純なリネンのドレスを着ている。彼女の長い髪はリネンの衣類の下で結い上げられている。これが典型的な毎日の労働をする時の服装だ。（写真：ジョン・ハウ）

右ページの下写真

宝石類はほとんど身に付けなかったが、ベルトだけはどの階級の人でも着用し、これが他の衣類にはない唯一の装飾となった。ここに写っているのは、再現された14世紀の美しいベルトのバックルだ。これは若い兵士にとっては高い買い物か戦利品であり、グラマーな給仕女にとっては素晴らしい贈り物となった。

31

図5：下着と一般市民の衣装（右ページ）

　衣装が果たした役割を理解するためには、下着や衣装に関する慣習を知る必要がある。19世紀に最初の軍隊用の下着が支給されるまでは、市民と兵士の下着はほとんど同じで、ズボン下のパンツ（ブレー）、靴下（ショース）、シャツ（ラテン語でカミシア、ノルマン語でシュミーズ、アングロ・サクソン語でスモック）だった。

　最初、ブレーは重要な衣服だった。ズボン同様の衣服でホース（長靴下）が覆う範囲にまで丈があり、靴下まで伸びていた。14世紀までにホースはぴったりと密着する分離した「ズボンの脚の部分」になり、ジャケットのようなダブレット（腰のくびれた胴衣で、15～17世紀頃の男の軽装）に太ももあたりで結び付けられた。15世紀中にブレーとホースは一体化してズボンのような衣服になり、ダブレットに結び付けられた。15世紀の終わりには、ダブレットとズボンは結び付けるのをやめ、腰骨の上に別々に固定された。肉体労働の時やリラックスしたい時はダブレットは胸の縛りをほどき、裏返しにして、腰巻のように袖を胴体に巻きつけた（P53参照）。この図のほとんどは軍事的な情報源によるものではないが、その全てが兵士とその同行者にも当てはまる。

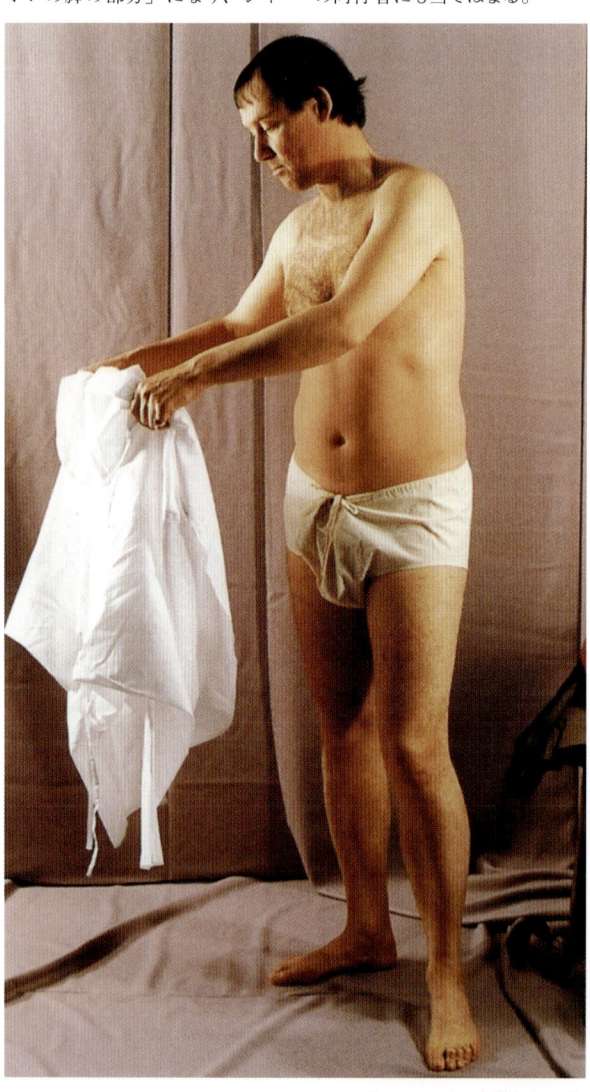

A▶チュニック※は中世初期から、男性の基本的な衣服だった。最初は、頭からかぶるシャツのような衣服だったが、何世紀も経つうち、仕立てがしっかりしたり、簡単になったりした。初期の史料に描かれた単純な服の色は、画家の絵の具の都合によるものだろう。だが、明るい色が好まれたことや、全体を覆う模様があり、帯状の装飾が使われていたことが、この絵から分かる。また、サクソンの貴族が、肩のところで織り合わされ、ふんだんに金色の刺繍がされた赤と紫のチュニックを、エリー寺院に贈ったことが分かっている。（1210年ヒルデスハイム大聖堂の青銅の洗礼盤）

B～I▶これらの描写を見れば、ブレーとホースの発達が分かる。最初、ブレーは簡単なズボンに似たものだった（B）。足首のところでしばれるよう、裾に切れ目が入っていた（C・D）。膝でしばったり（H）、腰でしばったり（E・F）していた。腰はベルトや紐を巻いて、時々財布を付けることもあった（G）。靴下に似たホースは最初は膝までの長さだったが、後に太ももの中央までの長さになり、腰紐に結び付けて固定された（I）。

J▶寝る時は普通、裸だったが、労働の時に腰を見せることはほとんどなかった。その代わり、ホースを脱ぎ、シャツとパンツで働いた。15世紀半ばのフランスの刈り取り人夫の絵では、シャツの裾をベルトに差し込んでいる。

K・L▶この15世紀の史料のシャツは変わった形をしている。側面と背中に切れ込みがあり、首が四角く開いている。15世紀以降、シャツは普通シンプルなTシャツ形で、首に切れ込みがあった。首や手首を締めるための紐についての15世紀の記述は見つからない。

M▶典型的な15世紀のパンツだ。左は最も一般的な形だ。右の横を紐で締める「ビキニ」パンツは珍しく、スイスでのドイツ語の史料とイタリアの史料に登場する。ある史料にタイトで黒いパンツがあるが、これはお堅い人が後に裸の絵に描き加えたのだろう。

N▶同時代の絵に基いた再現図。

O▶典型的な男女のシャツの再現図。ガセット（三角形の布）が腕の下とシャツの裾を広げるために使われている。

P▶女性の日常労働用の衣服。宿営地でのどんな労働にも適している。スカートが短くなるよう腰のベルトで束ね、前をまくってベルトに突っ込んでいる。分離した長い袖はおそらくピンで留めている。

Q▶スカートの長いダブレットと分離したホースの再現図。これは14世紀後半と15世紀の典型的な衣装だった。

R▶（Q）と同じ物の正面図。モンターニャ作、15世紀後半。

S▶ピエトロ・ディ・ドメニコ

T▶ピエロ・デラ・フランチェスカ

U▶ピエロ・ディ・コジモ

V▶ランスクネット（傭兵）のシャツ。普段は襟のギャザーを緩めている。15世紀の終わりまでにシャツはどんどん目立つものになり、装飾が増えていった。

W▶軍隊に同行した2人の「淑女」。1516～25年にウルス・グラーフによって描かれた。この明らかに隠されたつつましいシャツは上流階級（そしてそんなに上流でない階級にも）にとってファッションの重要な部分になった。

左写真
14、15世紀の基本的な男性の下着は、リネンで作られたシャツとブレーだった。（写真：ジョン・ハウ）

　4～12世紀にかけて緩いスモックの様なチュニック※は、長さや細部は変化したものの、全ての階級にとって最も一般的な上着だった。初期の物はシンプルな形だった。定期的に起こるぴったりした衣服の流行（特に12世紀に顕著）を除けば、この衣服をフィットさせることはほとんどなかった。15世紀には仕立てに対して関心がとても強まった。15世紀の終わり頃に、皮のようにフィットするホースとダブレットが出現した。ぴったりした腰高のホースと分厚い袖は16世紀の前半に登場する「型にはまった」身なりにつながった。（P89の図10・P91の図11参照）

※チュニック：制服として着ることが多いほっそりしたシルエットのまたは筒型のゆったりした長めの女性用上着や、シンプルな長めのブラウスなど、古代ローマのチュニックを連想させるさまざまな衣服を指す。

33

上写真・右写真

1 ブレー（パンツ）とシャツの上には羊毛のホース（長靴下）を履く。ホースは素材が許す限りタイトに作ってある。これらは15世紀の脚部分が一体化したタイツ型のホースだ。ホースには控えめなコッドピース（股袋）をかぶせる。

2・3 黒のダブレットを着る。先端に金属がついた紐で、ホースをダブレットに結びつける。

4 これらの上に赤いコートともジャケットとも呼べる上着を着る。この上着には細かいプリーツ（ひだ）が付いており、兵士や若者に人気のある形だった。

5 状況や季節や懐具合によるが、最後に羊毛のガウンが全体を覆うこともあった。一般の兵士が、この写真のように長くてしっかりとフィットする服を着ることはめったになかった。寒いときは、これより短い、いろいろな形のガウンが兵士や市民たちに人気で、よく着られた。つまり、もしこの写真のように優雅なガウンが兵士の持ち物として発見された場合、これは兵士の日常には合わないので、この服を楽しむ十分なお金と余暇のある人たちに売ろうとしていたのではないかと想像できるだろう。（写真：ジョン・ハウ）

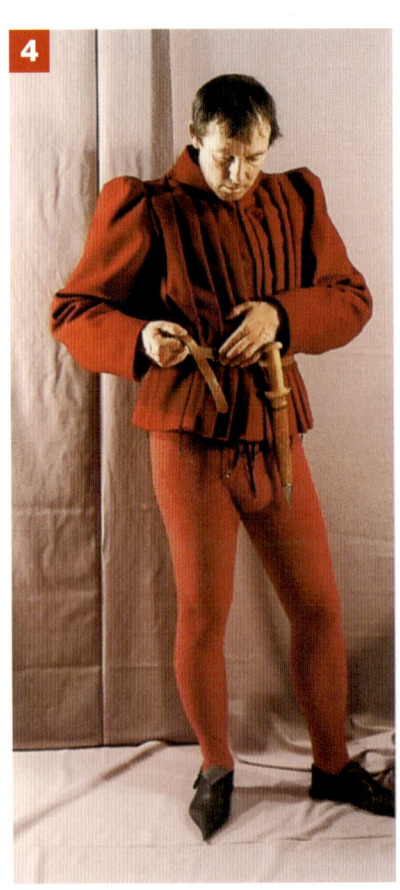

15世紀の男性の衣装

左ページの写真

兵士の日常の衣服は、同時代の市民の衣服についての知識抜きには理解できない。日常では兵士も市民とほぼ同じ衣服を着ていたのだから。衣服の重さやそれがどのようにカットされフィットしたかは、時代によって変化したが、戦争と労働の衣服は常に実用的であった。現代人にとって不可解な「思いつき」に見える衣服も、きちんと再現して実際に着てみると、現代の衣服と同じくらい快適だと分かる（しかし、再現する時に不注意な間違いをおかしたり、手間を惜しむと、動きが制限され、ありえないくらい不愉快な思いをすることになる）。

兵士が一般的にぼろぼろで汚い身なりをしたと思ってはいけない。裕福な主人に従った者たちは疑う余地なく、良い身なりをしていたし、男たちにかかしのようにみすぼらしい身なりをさせた軍隊など稀だった。軍隊は同行者たちの「しっぽ」を集めた。つまり、宿営地の女性たちは「応急修理」をしたし、商人やよろず修繕屋は活発に宿営地に入って来て、兵士たちに必需品やぜいたく品を売った。勝利の後は、派手な美しい装飾品を含む略奪した衣服が、実用的な日々の衣服に混じって運ばれていたことは、疑う余地がない。

右写真

駐屯兵の生活は快適だった。そして、主人に仕えた多くの男たちは、この写真のような恰好でほとんどの時間を過ごした。この写真の衣服は14世紀にサヴォアの領主に使えたスウェーデン人の兵士のものである。彼はフェルト生地のように見える品質の良い羊毛のリブリー（そろいの服）の上着を快適そうに着ている。ホースと、葉っぱ形の切れ込みの装飾が入った肩掛け付きのフードと帽子も着けている。短刀とベルトと剣の装飾や、流行を気にした長髪から、比較的裕福な地位にいるようだ。地元のブドウを食べている様子を見ると、楽な仕事を楽しんでいるように見える。（写真：ゲーリー・エンブルトン）

上写真

きれいに金メッキを施されたベルトの真鍮の装飾具や剣の柄、鞘尻は贈り物だ。彼は、それを自慢に思っている。しかし、彼はプロの兵士で、雇い主を守るための収入はしっかり支払われている。シュトゥットゥガルトで学び、どの様に剣を使って致命傷を与えるか知っている。そして、この剣の練習をすることにとても喜びを感じている。彼はいつも主人が彼に言った100年前の作家の作品の引用を思い出す。

「彼は戦いのためにフェンシングを行っているのではない。深呼吸をするために行っているのだ。自然になじむように体に取り入れ、まっすぐに向き合う。ひたすらまじめに取り組む。全ての良いものはフェンシングが基礎になる。」
(写真：ゲーリー・エンブルトン)

頭部と足元の装備

右ページの上写真

兵士たちはいろいろな種類の帽子をかぶっていた。異なったフェルトや羊毛の帽子は、細かったり、浅い円錐形をしていた。縁はあるものとないものがあり、その縁も全部または一部を折ったりした。

フードは帽子の中に入れられた。夏には幅広のつばが付いた麦わら帽子をかぶった。これらは軍隊用の特別な帽子ではまったくない。兜をかぶる時には、兜の内側にかぶる場合もあることを考慮しておく必要がある。(左写真：デヴィッド・レーゼンビー、中世センター／右写真：ジョン・ハウ)

下写真・右ページの下写真

しっかりした履物は歩兵に必要不可欠だった。ほとんどの中世の履物は、靴底も靴の内側も外側も縫製された柔らかい革のようなものでできていた。その後、分厚い靴底になる板が取り付けられた。しっかりと作られた足首までのショートブーツ(イングランドで

はコッカーと呼ばれた）は、小作農や旅人の間で人気があった。紐や留め金や留め紐が付いていて、全体を紐で覆うように縛ることもあった。多くは分厚い靴底と踵がつき、中には靴底に釘が付いた靴もあった。もっとも、これについては確実な証拠は驚くほど少なく、文章による記述と2、3点の絵のみだ。ウイリアム・ラングランド（1360～1399年）は著書『農夫ピアズの夢（the Vision Concerning Pier plowman)』の中で「こぶの付いた」靴や釘の付いた靴について描写している。

多くの兵士がこれらの靴を装備し、戦場では死体の履いている靴を奪ったに違いない。

馬に乗っていて、良い給料をもらうおしゃれに敏感な兵士は、つま先の尖った格好良い靴を履いた。とてもつま先が長いクラコー（発祥の地、ポーランドのクラクフにちなんだ呼び名）はリチャード2世の治世（1377～1399年）や15世紀の半ばから後半に流行した。しかし、これらは風変わりな伊達男のみが行軍の時に履いた。それも馬上か宿営地にいる時しか履かなかった。その流行の服装が実用的かどうかは、戦闘ですぐに明らかになった。

長いブーツ（長靴）は人気があり、騎乗にも向いていた。素朴な短いつま先の靴は厳しい仕事向きで、精巧な革製のフィットする優雅なつま先の靴はおしゃれ用だった。ブーツは履きやすいようにすねの部分が幅広で、その外側をさらに革の外装で覆い、ホックと小穴、紐と留め金などで固定した。絵によると、靴下のようなフィット感を出すために、驚くほど柔らかい革が使われたようである。しかし、どのような技術で作られたのか分からないので、自信の持てる再現は極めて難しい。

一番長いブーツは太ももの中ほどまであり、裾を折った。そして、留め紐で腰かホース（長靴下）に結びつけた。費用はかさむが、ブーツには頻繁に裏地がつけられた。ハーフブーツ（半長靴）も歩行用でも騎乗用でもとても人気があった。歩行も騎乗も両方快適にする必要があったブルゴーニュの重武装の弓兵は特別に注文したつま先の丸い靴を履いた。(写真：左から順にゲーリー・エンブルトン、アン・エンブルトン、ジョン・ハウ、ジョン・ハウ)

37

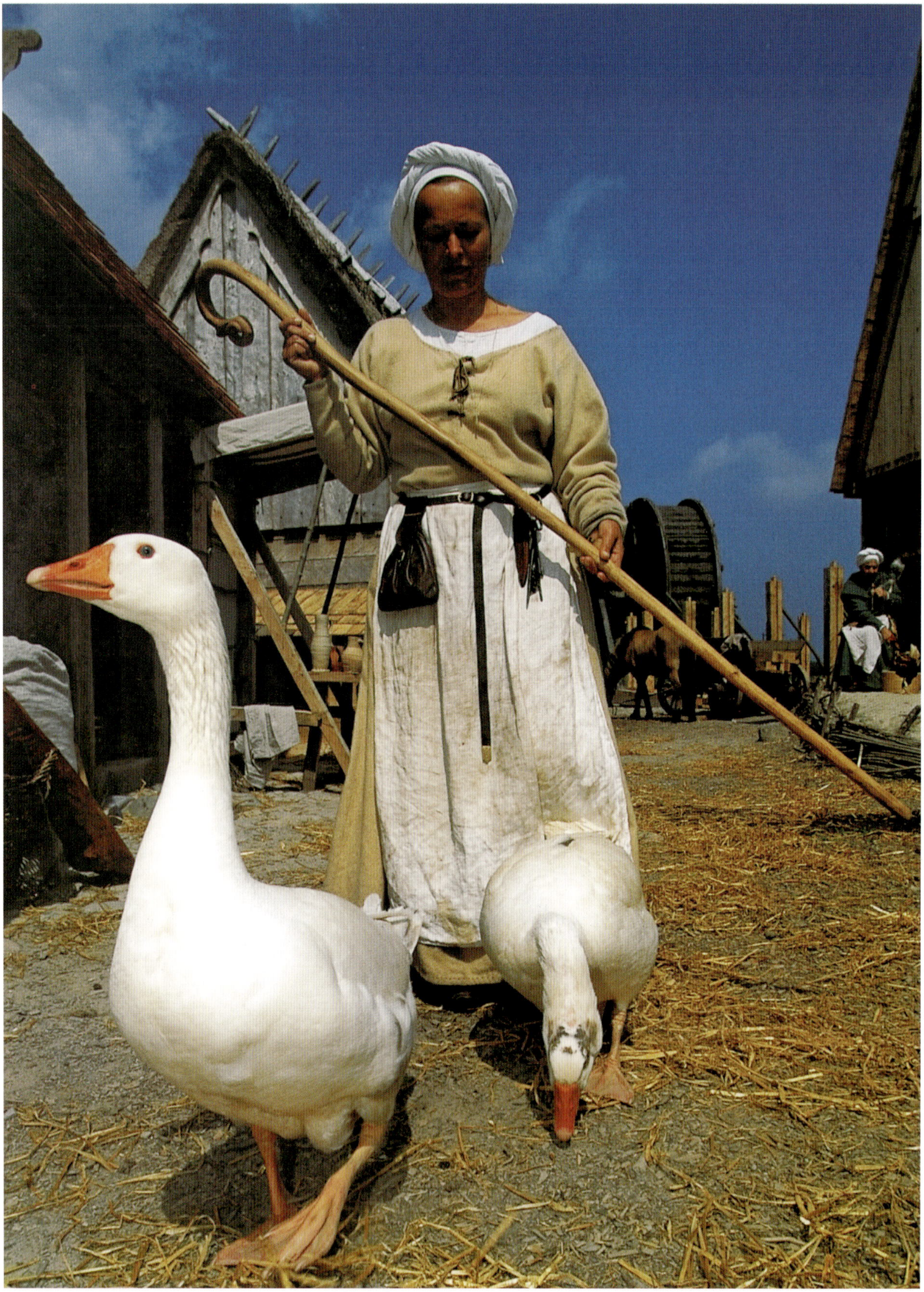

15 世紀の女性の衣装

　軍隊に同行することを職業とする「プロ」の女性はほとんどいなかった。だいたいはお金のために一時的に付いていて、男たちと一緒に冒険できるくらい若く元気だったり、軍にいる男と結婚しているか、交際している女性だった。また、不幸なことに、生活や住まいや土地がめちゃめちゃにされたことに絶望して軍隊にくっついて奉仕している女性もいた。

　女性は村でも都市でも一生懸命に働き生活した。彼女たちは生活を営み、糸を紡ぎ、布を織り、家族の衣服を縫い、食べ物を育て料理した。また、農場や商売を経営したり、ギルド（中世の同業組合）やクラフト（手工業）で働いた（肉体労働者としても働いた）。男性同様、衣装は彼女たちの背景や状況を反映していると言えるだろう。

　女性たちは戦争で積極的な役割を果たすことが時々あった。15世紀の史料にはそのことについて言及しているものが多くある。しかし、それより1世紀早い以下の例は、女性の参加がどれだけ重要であったかを示している。1292年、チューリッヒ市はヴィンテルトゥール市との費用のかかる戦争で弱り、街の男たちの多くが戦死した。オーストリアのアルブレヒト公爵はこの状況を生かして都市を征服しようと、強力な軍隊を連れて進軍した。チューリッヒの女たちは鎧を身に着け、男たちの武器を手にした。彼女たちは槍と盾で武装し、横笛と太鼓の鼓笛隊と共に、叫んだり武器を振りかざしたりして、チューリッヒの橋や城壁を行進した。アルブレヒト公爵は、街が兵士で一杯だと思って怯み、チューリッヒと講和して撤退した。（写真：デヴィッド・レーゼンビー、中世センター）

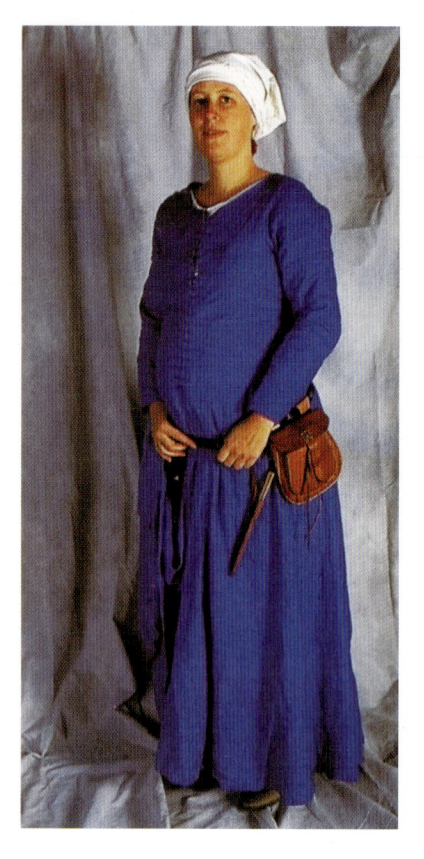

この3人の女性は1470年の南ドイツとスイスの典型的な日常の衣装を着ている。

上左写真
　薄い羊毛またはリネンでできた青のアンダードレス（外衣の下に着る服）。袖はきつく作られていて拳が通るくらいだ。胴の前と両側が紐で締められている。実用的なデザインで、写真からもわかるように、妊娠しても着れる幅になっている。

上中央写真
　これも基本的な形である。首のカットが深く、シュミーズ（肌着）をより多く見せている。スカートは布がたっぷりで、もし縦糸と横糸で斜めに縫ったら、優雅な円錐形になる。

上右写真
　この女性は外出するためか、または客を迎えるために着飾っている。セージで染めた緑のアンダードレスの上に、クワの木色（暗紅色）の裏地が付いた青い羊毛のガウンを着ている。ガウンはアンダードレスとほぼ同じだが、上に着るために裾がやや短い。頭部の衣類にピンで留めた幅の狭い紐が、優雅に彼女の肩にかかっている。これは外出するときにはあごのところでピン留めされた。（写真：フィリップ・クラワー、リールストレ）

右写真
　女性の「無上の光栄」つまり頭髪は、通常三つ編みのように編みこまれて、ピン留めされた。シラミ予防のために頻繁に編みなおす必要があったので、髪を編んでいる光景は城や宿営地ではよく見かけられたに違いない。

　他の物と同じように、女性の頭の飾り方も、その地方の習慣や宮廷の流行に従った。既婚者や未亡人は髪を何かで覆い、未婚女性は髪を見せたようだ。もちろん、これには例外も多かった。頭部を覆う長方形の一枚の布は、時々ピン留めされてベールになることがあった（ベールを別の布で作ることもあった）。ヘッドバンド、小さい帽子、髪を結ばずたなびかせる、髪を編むなどは、流行り廃りを繰り返した。兵士の妻たちは旅や日常労働に向く服装をし、外出時は普通頭部を何かで覆った。

左写真

　あごの下をボタンで留めるフードは15、16世紀に人気があった。首の部分が開いた、質素な赤や黒のフードは、フランス、ブルゴーニュ、そしてイングランドの、田舎の女性に幅広く着用された。また、兵士たちに同行する者たちがこれを着用したことは疑う余地がない。

下写真

　木製のクロッグ（木靴、木のサンダル）である「パッテン（底を高くした、ぬかるみや泥道用の木靴）」は、足が泥で汚れるのを防ぐために、貴族も小作人も幅広い階級の人々が一般的に着用した。しかし、これは長い行軍には適さなかった。（写真：ゲーリー・エンブルトン）

左写真

　頭を覆う布は、安物の粗いリネン製のこともあるし、高価な絹製のこともあった。また、「頭部全体を覆う精巧な金の布（13世紀）」まであった。様々な手の込んだ形が発達したが、行軍中の切迫した事情によって、いつの時代もある程度の簡素さが必要だった。祭日や祝日には、頭の飾りはその当時人気のある入念な装飾がなされたと思われる。

　頭の飾り方は14、15世紀の間に、地域ごとに違う形が発展したが、最終的に16世紀のしっかり密着する帽子に発展した。そしてそれは19世紀に多くの人々の頭を飾った。（写真：ジョン・ハウ）

右写真

　1470年代のスイスの年代記に、南ドイツとスイスの女性の間で、偽のふさ飾りが流行ったという記録が見られる。これは首のうなじの部分に着けられ、赤、青、緑、赤または青と白の組み合わせ、もしくは緑と黄色の組み合わせで染められた羊毛製だった。（写真：ゲーリー・エンブルトン）

15世紀のイタリア兵士

衣装の基本的な部分はヨーロッパ共通だが、兵士には国ごとの特徴が見られる。東地中海の貿易と精巧な衣服生産の中心だった北イタリアの兵士は、おしゃれでカラフルだ。14、15世紀のイタリアの絵にはぴったりした衣服、二等分された色、タイトな服での動きを助けるひじと肩の切れ込みの始まりが見られる。鎧のスタイルは丸い「イタリアン・ゴシック」の形だった。バルバト（15世紀頃の眼の線と鼻の線が丁字形に空いた、頭全体を包む鉄兜）やサレット（15世紀に使われた軽い鉄兜）は、ケトルハット（やかん状の兜）より人気があった。ブリガンティン（小札を重ねた中世の胴甲）付き軽鎧や鎧のすね当て、鎖帷子の袖は一般的だった。教会の壁には戦士が多く描かれているが、いくつかを除けば、フランスやブルゴーニュの兵士によく似ている。イタリアはヨーロッパ中で雇われた数多くの傭兵集団を生んだ。彼らは一般的に良い身なり（もしくは裕福にさえ）に見えた。

左ページの写真
　この15世紀のイタリア兵士は、平和な時は、快適な日常着で門番をしている。唯一の武器は剣だ。当然、軽装の衣服は好まれた。袖のないダブレット（腰のくびれた胴衣で、15～17世紀頃の男の軽装）や緩い陣羽織を、夕方の防寒や紋章を示すために着けた。ベルトとバックルは典型的なイタリアの物だ。

下写真
　靴底に革を張ったホース（長靴下）は14、15世紀に人気で、特にイタリアで支持された。兵士たちは戦闘中に履いたが、長い行軍には向かなかった。（写真：ゲーリー・エンブルトン）

　公爵の兵隊はあざやかな紋章入りの陣羽織と精巧な模様のホースを着用していた。色と紋章を特定する記述がいくつかある。1451年のナポリの傭兵は50％の前払いがあったので、赤、青、緑、白、紫の衣服を着ていた。シギスモンド・マラテスタの兵士は主人のイニシャルのSとIが絡みあった服を着た。15世紀にフローレンスの400人の兵士を率いた司令官は、白いダブレット、赤と白のホース、白い帽子、靴、鎧、矛を一人一人の兵士のために注文した（一部の者にはハンドガン〈小銃〉も）。これが、フローレンスで注文された物の中で最も美しかった。

上写真
　イタリアの女性は、外国の軍隊に同行する時でも、自分の地域の服を着ていた。精巧なドレスや宗教画のような服ではなく、世俗の絵画に見られる簡単なスタイルの服だった。（写真：ゲーリー・エンブルトン

衣類と染色：可能性を容認できるもの

近年、織物の研究は急激に進歩した。考古学者がブローチや宝石からこすり落とした汚れの中にある黒ずんだ破片は、着ていた織物と繊維の素材を教えてくれる。

とても古い断片でさえ、きれいにして保存してあるものを見ると、当時の織物がとても洗練されていて質が良いことに衝撃を受ける。2000年から3000年前に織られ染色された織物でさえも、燃えるような色と表面の模様はとても「現代的」に見える。中世の織物は高度に発展した織り方と美しい色や縞や模様を見せている。私たちは多くの西方から輸入された衣服や絹製品を発見したが、一般の兵士やその上官が着ていたのは羊毛製だった。残念ながら、その素材を家庭で作ったのか購入したのかを決める手がかりは全くない。羊毛の布の交易の収入は、15世紀まで多くのヨーロッパの貴族を支えた。私たちが現代の技術を使いこなすのと同じように、私たちの祖先がその当時の技術を使いこなす専門家だったことを決して忘れてはならない。

下着やシャツなどの衣服は綿、リネン、麻、イラクサ、毛皮、フェルトで作られ、多くの植物の染められた。最も重要な染料は大青（青）、アカネ（赤）、キバナモクセイソウ（黄）で、これらは広い面積を淡く染め、また時には驚くくらい鮮やかな色を出した。これらの染料は裕福な人々だけが使用できるものとは限らなかった。スコットランドのハイランド地方のとても貧しい家庭も自分たちのタータンチェック（格子縞）を作ったし、貧しい小作人たちにも自分の服を染める方法があった。卑しい身分の一般兵も派手な衣装を着て死んでいった。頻繁に史料に登場する中世の色の中には、現代でどのような色なのか特定できないものもある。例えば「pluncket（プランケット）」は何色か、分かっていない。「russet（ラセット）」は赤みをおびた茶色もしくは灰色のどちらかだったように思われる。

贅沢禁止令

王や教会は頻繁に衣服の豪華さを規制しようとした。これは、浪費を抑え、それぞれの階級や身分に応じた服装にとどめようという試みだった。布地、裁断方法、色、仕上げの装飾や飾りは各階級毎に慎重に決められ、それより下の階級は使用が禁止された。この法令は緩められたり、強化されたりしたが、どの程度効果があったかについては議論の余地がある。宮廷から遠くに行くにつれて影響力は小さくなったと思われる。比較的政治的な権力が乏しい集団（例えば15世紀の商人階級など）にお金が豊富にある時は、上の階級の豪華な衣装が下の階層にも広がるようになった。

1403年のイングランドのヘンリー4世の贅沢禁止令には興味深い記述がある。兵士が武装する時は衣装の制限を免除している。「満足できる服を着てもよい」と。1463年のエドワード4世の厳しい法令も、兵士には適用されなかったようだ。おそらく、この法令を軍隊の衣装に適用することは、全く賢明とは言えないことだったのだろう。直接、王から命令されるか、非常に厳しい管理体制になっていなければ、兵士がこのような法令に注目したとは思えない。

上写真
イタリアの歩兵。深めのバルバト（15世紀頃の頭全体を包む鉄兜）とイタリア式の籠手を身に着けている。

下写真
今はイタリアの領土であるサヴォイアで国境を接していたスイスとフランスにはややイタリアの影響が見られる。この「近代的」にも見える衣服と装備の1470年のサヴォイアの兵士たちにもその影響が現れている。赤地に白のサヴォイアの十字の衣装とシンプルなミラノ製の兜を着けている。一人は戦斧にもたれ、もう一人は最新式の銃で武装している。北イタリアは羊毛の衣服の名生産地で、この2人は裕福な領主に雇われているのだろう。おそらく領主の城は、イタリアと発展していたブルゴーニュ帝国の交易路上にあって、儲かったのだろう。（写真：ジョン・ハウ）

リブリー（そろいの服）

　一般的に、軍隊の制服、つまり色を統一して大量に支給された兵士の衣服は、ヨーロッパで17世紀に始まったと言われている。しかし、我々はこれを覆す証拠を得ている。兵士の衣服についての記述には、服の色は雇い主や領主、司令官、国を示すと頻繁に書かれている。また、軍全体がその国を示すリブリーや紋章を付けていた、ある街の部隊は全身同じ形の衣服を着ていたなど、数えきれないほどの記録もある。ここでその一部を紹介しよう。

　1295年、ノーフォーク出身のイングランドの新兵は、1着3シリングの白いコート（上着）を着ていた。1300年、トゥールネーの男たちは銀の城が胸と背中に描かれた赤い服を着た。1385年、命令により、全てのスコットランドの兵士とフランス人の協力者は、聖アンドリューの白の十字が胸と背中に入った服（上着が白の場合は、黒の布でパッチワーク）を着ることになった。

　1416年、イングランドと戦うためにアミアンからアブヴィルに送られたクロスボウ兵は、緑と白の服を着ていた。17世紀の30年戦争の兵士のように、中世の兵士が制服のようなものを着ていたかは議論の余地がある。

　「リブリー」という単語は、領主に仕える者に与えられた全てのものを意味するが、中でもそろいの「衣服」は必要不可欠なものだった。イングランドの大法官の大勢の側近から、つつましい騎士の卑しい従者に至るまで、衣服と紋章を与えられた。それらは品質が良く、色は階級や主人、誰の保護下にあるかを示した。地位が高いと、特権のしるしとして人がうらやむ上質な布地や毛皮を着用したが、低いと、仕えている主人が恥をかかない最低限の衣服だった。通常、衣服の色や紋章は、主人の家系との関係や、自分の所属を象徴する紋章だった。結婚や葬式などの特別な時にそれらを身に付けた可能性もある。また、色についても単にその色がその時代に使用可能だったから着用したのかもしれない。王室の色鮮やかな衣服は、王の繁栄と寛大さを宣伝した。15世紀の洋服ダンスの記録には、衣服と色が細かく記されている。例えば、1434～35年にリブリーが支給された。大部分の夏服は緑だったが、上位の官僚はクワの木色（暗紅色）と鮮やかな赤と紫、その守衛官はクワの木色と上質な縞のソールズベリーの服、身分の低い従者は灰色と青を組み合わせた服と、縞模様の服だった。

　当然だが、王子に近い者ほど豪華なリブリーを受け取った。しかし例外として、重要な場面では特別な衣服が宮廷のほとんどに支給された。フィリップ・ブルガンディ公爵（1364～1404年）は、1378年にカール4世皇帝を迎えるために黒と灰色の服、1384年にフランス王を歓迎する時には緑の服、またブローニュでイングランドからの交渉人と会談した時は、印象づけるために赤と青の服、1385年のカンブレでの結婚式には赤の服、1389年に再び王をディジョンで迎えるために赤と白の衣服を支給した。1395年には黒の服、1402年の貴族の結婚式では緑と白の服を、等々である。

　リブリーは王家に仕えて負傷したり病気になった男女にも与えられた。1349年に負傷したパスターヘイのジョンは一日2ペンスの生活費と一年にローブ（裾までたれる外衣）1枚のほうびを与えられた。

　ブルゴーニュのフィリップ善良公やシャルル突進公のような偉大な公爵は、配下の官僚や護衛兵に、宝石付きの兜、金の服、銀と金の紋章、贅沢なガウンを着せた。1473年の皇帝との会議の際、シャルルは新しいローブと豪華な衣服を1003人の家来に与えた。弓兵の隊長は青いヴェルヴェットをジャケットとして、白いダマスク織をプールポワン（刺子にした綿入れ胴）として受け取った。そして護衛にあたる110名の兵士はパルトー（前をボタンで留める短マント）、金の布のマント、銀の絹の服、青いヴェルヴェットの服、緋色のサテン製プールポワンを受け取った。芸術家のパトロンだった裕福なベリー公爵は、同性愛者用の衣装を注文した。おそらく、公爵にとってそれは満足する眺めだったろう……。

　ワーウィック公爵のように、政治的・軍事的に重要な指導者は、武装した家臣を背後に従えて力を示した。1458年1月に、公爵はウエストミンスターの会議に600人の男を連れて出席した。彼らは赤い刺繍の外套を着て、胸と背中に紋章を付けていた。「ワーウィックはここにいるぞ！」と宣言するのにこれ以上の方法があるだろうか？

　このような私兵は王家にとって脅威でもあった。王や大公は、彼らの色や紋章以外を着けることを法律で禁止し、15世紀末にはヘンリー7世はイングランドで私兵を撲滅した。

　広範囲に15世紀の軍隊が付けた紋章は、重要な機会には支援する数千の市民にも与えられた（もしくは支援を引き出すために）。リチャード2世の戴冠式には、26000のファスチアン織※の雄豚の紋章が渡された。そのうち半分は刺繍され、半分は染色されていた。

シャルル突進公に仕える屈強な熟練した隊長。しっかりと刺繍された公爵のリブリーだ。1471年7月31日のアブヴィルの布告に基づく。（写真：ゲーリー・エンブルトン）

※ファスチアン織：コール天・綿ビロードなど横糸が綿のパイル織物。元来は綿と麻の織物。

> 武装した槍兵は、歩兵の前で騎乗して食糧を飲み食いしたり、その他にもいろいろなことができた。特別に私に言い訳をすることを許してほしい。しかしこれは最高の状況だと言える。つまり、歩兵にとっては信頼がすべてだからだ。
> グレゴリー年代記「セント・オールバーンズの戦い」1461年

右写真
シンプルな2色に染められたリブリーは、町の部隊に頻繁に採用された。このリブリーは、黒と白のフリブール（地名）の色で、1476年のブルゴーニュ戦争におけるベルン同盟軍のものだ。そろいの色は装備にも使われている。1475年にリューベックから派遣された屈強な600人の部隊は、縦に赤と白で2色分けされた服を着け、27台の荷馬車も同じ色に塗られた。（写真：ジョン・ハウ）

下写真
1461年5月29日、タウトンで戦ったイングランドのウォーリック公爵の弓兵。明るい上着と私服の上に公爵のリブリーを着ている。（写真ゲーリー・エンブルトン）

右ページの上写真
現在のアルザスにある城の城主に仕える兵士。2色に染めたそろいの上着を着ている。この城は重要な城ではなかったので、この兵士の地位は快適だった。帽子にピルグリム（巡礼者）の印があることに注目してほしい。彼は旅人の一種で、他にできることがないので兵士になったのだ。（写真ゲーリー・エンブルトン）

ブルゴーニュ公の護衛の弓兵

この時代、弓兵を護衛に使うのが流行した。これは護衛と見せびらかしの両方の意味があった。ブルゴーニュ公は弓兵に気前よく贈り物を与え、40人の弓兵隊は2人の隊長のもとで、公爵の外出にいつでも同行できるよう武装して待機していた。昼夜問わず外出時は主人を囲み、主人と暗殺者のナイフとの間に立った。可能な時には常に弓の訓練をした。公爵の砲兵隊の記録には彼らの弓、射撃用手袋、弓籠手が記されている。彼らは現代の大統領を先導するバイク乗りのような役目の他、熱狂しすぎた群衆を抑える、当時の「警察」の役割も果たした。

1416年に公爵は彼らのために両袖に3束の矢の刺繍が入った24着のローブ（裾までたれる長い外衣）を作り、1433年には29着の「イタリア風のフーク（上着）」を作るために、黒と白の布地が発注された。それらは金で刺繍され、紋章入り陣羽織の様に両側が開いていた。また1435年には金銀の糸で公爵と公爵夫人の頭文字（イニシャル）が刺繍された、灰色と黒のパルトーが支給された。1442年に、弓兵の隊長の「テルナンの領主」は兵士たちの上着を修補するために42リーブルを支給した。その隊長は金で刺繍されたパルトーを着ていた。1452年の記録を読むと、弓兵は軽装になるためにジャックを脱ぎ、プールポワン姿で行動した（何を着ていたかは後述するシリングの絵を参照）。1465年の記録にブルゴーニュの白い十字と火打ち金と火打ち石と火花が刺繍された、黒と紫のリブリーがある（P51 図7・B参照）。1467年には隊長と弓兵に羽飾りが支給された。1471年、彼らはゴージリン（頸甲／鎖帷子または板金の首の防御）の代わりの長い襟と上質の袖がつき、12枚の布地（その内3

下写真

　紋章学において「ベンド」とは斜めの帯線のことを言う。イングランドのバラ戦争の記録や大陸の情報には、兵士の「ベンド」を作るために支給された布についての記述がある。支給された布の量から考えると、ベンドは肩から尻までかける帯状のものだったと思われる。これは、異なる軍隊を見分けるための、安上がりな方法だっただろう。例えば、リブリーの上着は隊長を示す色に染められ、ベンドはその上位の指揮官を示す色に染めることができる。1450年のヘンリー6世の統治下の文章には、「全ての領主の配下」は「全ての領主の区別がつくように」鎧の上に「ベンド」を着用すべし、と書いてある。そして、1461年には、全ての者は自分の領主のリブリーを着て、その上にダチョウの羽毛がついた緋色と黒のベンドを着けるべしと命令された。エドワード4世は1461年に、タウトンで戦う騎士とスクワイア（従騎士）のためにベンドを作ったが、それに使った緋色の布の代金を滞納した。そして、かなり後の1475年になってやっと支払った。ベンドは衣服やリブリーの上に縫い付けられることもあったと思われるが、私たちはこれが飾り帯として使われた証拠を見つけた。1304年、フランス軍はフランダースを行軍し、戦闘中に認識できるように白いスカーフを目印に着けていたが、ブルゴーニュの敵であったアルマニャックは、区別する印が、「白いベンド」だと述べている。1445年にブルゴーニュのフィリップ善良公はおそらく白い帯は着用できないだろうと言った。なぜならそれは、彼の父の敵であるアルマニャックが採用している白い帯に酷似しているからだ。1440年～1460年の肖像画には飾り帯のような、左肩から斜めにかけた帯がはっきりと描かれている。これは、アルマニャックの「ベンド」が本当に飾り帯であったことを強く示している。（写真：ゲーリー・エンブルトン。デヴィッド・ケイの素晴らしい研究結果に基づく）

枚は蝋を塗った）からできた上着を着た。スイスの2つの年代記に、護衛の弓兵について興味深い描写がある。1476年にグランソンとモライで戦った兵士のディーボルド・シリング（1435～1486年）は、その激動の時代について3巻の年代記に書くよう依頼された。そこに絵を描いた3人の画家が誰なのかは分かっていないが、その内2人は兵役を内部から実際に見たか、軍隊の様子を熱心に観察したようだ。

　シリングの1巻目「チューリッヒ年代記」によると、シャルル突進公は軍を前進させた時、短い袖が膨らみ、胸と背中にブルゴーニュの赤い十字が描かれたジャックまたは戦闘用のダブレット（腰のくびれた胴衣で、15～17世紀ごろの男の軽装）、サレット（15世紀に使われた軽い鉄兜）、密着するホース（長靴下）を着け、4人の弓兵（2人は弓、2人は剣もしくは槍）が護衛した。「ベルン年代記」にも同じ光景が記されている。弓兵が一本の羽毛飾り付きの小さな帽子をかぶったこと以外は、全く同じだった。そして、ちょっと変だが、彼らのホースはひざ下までまくられていた（行進のために足底部分のないホースをまくったのではないか？）。4人全員が飾り房がついた槍または剣を携行していた。彼らはおそらくシャルルの配下のイギリス人の弓兵と思われ、常にシャルルに付いていた。

　ブルゴーニュ公国の軍隊に関する膨大な文書は、偶然残っていたに過ぎない。記録が無いから同時代の他の軍隊も同じだったとも、ブルゴーニュより劣っていたとも断言できないのだ。

図6：12〜15世紀のリブリー（そろいの服）（右ページ）

A▶1170年頃、フランスのクレサックにある元十字軍教会の壁画。騎士が十字の印を付けているのが見られる。このような絵は稀で、普通、十字軍の十字は小さく描かれる。テンプル騎士団のような宗教的な集団が最初に十字の印を採用したようだ。後に様々な形の十字がヨーロッパで力を持った国や軍の印となり、15世紀までに制服の紋章になった。

B▶1180年代に略奪者から家を守るために作られたヘントの「白フード（頭巾）」隊は、1379年に再結成され、ヘントの町はフランドルの伯爵に反乱を起こした。

C▶色つきフードはギルドの一員であることや、町、領主、政治的グループへの忠誠心を示す比較的安価な方法だった。青と赤はパリの町の色であり、常にその王の色と一致していたわけではない。

D▶1426年1月、イングランドはブローウェルスハーフェンの戦いでブルゴーニュ人に完敗した。ブルゴーニュへの忠誠心を表すために、フランドルのハーグとデルフト出身者は黒と白の頭巾、ドルドレヒト出身者は赤と白の頭巾をかぶっていた。

E▶青と赤のケトルハット（やかん状の兜）は、1358年のパリで、エティエンヌ・マルセルの従者たちが身に着けていた。

F▶1378年、フランスのシャルル4世とその息子（後のシャルル5世）の使用人と従者は、半分赤、半分白、またはすべて赤のチュニックとホース（長靴下）を着ていた。

G▶イングランドのエドワード1世の歩兵はウェールズの戦いの間、聖ジョージの赤い十字のついた「帯」をつけるように指示されていた。兵士の服やジャック（中世の歩兵の上着）やブリガンディン（小札）を重ねた中世の胴甲に縫い込まれたその帯は13世紀の間、国民の印となった。エドワード3世は戦中の規約で、それをつけるように指示していた。1355年には黒太子の軍で、1385年のリチャード2世のスコットランド遠征では、全員がそれを着ていた。全てのイギリス軍と当時のイギリス同盟国が着用した白いジャックに、どんどん聖ジョージの十字がつけられるようになり、1482年にスコットランドに送った軍は、前後に聖ジョージの十字がある白いジャックを着て、胸に指揮官の紋章をつけるよう命じられた。

H▶14世紀のフランス軍は彼らの領地の印として白十字をつけていた。白十字は服や防具につけられ、赤や青のジャック、色つきのリブリーによくつけられた。15世紀にはその上に指揮官の紋章をつけるようになった。

I▶15世紀初めにブルゴーニュ人は領地の印として聖アンデレの十字を採用した。この十字には色々な色があり、「ギザギザの棒」を交差したもの、矢を交差させたもの、単なる十字など形も様々だった。シャルル突進公の即位（1467年）の時までには、この十字は簡素な赤いX形十字になり、彼の「布告による」正規軍が着る赤と青の生地につけられた。フランス王との同意によって、ブルゴーニュ人は国王の軍に奉仕する時にもその十字をつけることが許された。

J▶ブルターニュ人は白地に聖イヴの黒十字をつけていた。

K▶ジャックやブリガンディン、市民の服の十字はサイズが色々だ。

L▶経済的な理由で、とても質素なリブリーの上着が一般的に支給された。服、ジャックや鎧の上に簡単に着られるように断裁された。この図の物は頭からかぶって、腰で結ぶものだ。これはイギリスでは国の色であり、ウィリアム・タッセル卿の印が左胸についていた。彼は1475年のフランス遠征の際、軍を率いていた。リブリーの上着の端にはしばしば対称的な色のテープ（平たい紐）がついていた。

M▶1470年の布告による軍の兵士の服装。全身黒の服の上に、指揮官の色で染め、白十字を描いたリブリーの上着を着ている。このように外見を統一したフランス兵士はいくつかの文献に描かれている。フランスの町の守備兵は時々そろいの色を着るか、胸や腕に町や部隊の名前を刺繍していた。

N▶ブルターニュの色の別の形の上着。これは鎧の上に着用された。

上写真
このたくましい弓兵の隊長は、胸に刺繍された雄豚の紋章を付けている、これは後のイングランド王のリチャード3世、グロスターとヨークの「リチャード」の印だ。（写真：ゲーリー・エンブルトン）

腕の動きを妨げないように肩と脇が切り取られている。

O▶前にボタンがついたあまり一般的ではない形の上着。この例はダービー伯の色に染められ、伯爵の印である黄色い鷲の足の印がついている（1475年）。

P▶15、16世紀のスイスの旗持ち、音楽家、役人（その内少なくとも一人は酒保係）は、しばしば自分の州の色を着ていた。これは1476年頃のルツェルンの青と白、ベルンの赤と黒の服だ。一般兵士はあまり州の色を着ずに、私服を着ていた。しかし、ザンクト・ガレンから来た131人の軍のように、街で兵士の服をそろえることがあった。1476年のグランソンの戦いでは彼らは赤を着ていた。

Q・R▶凝った刺繍のリブリーの上着。召使いや護衛たちが着ていた。1465〜75年頃のトゥールネーでブルゴーニュの「シーザー」タペストリーが作られた後、これらの服はシャルル突進公からギヨーム・ド・ラ・ボームへ贈られた。ギヨーム・ド・ラ・ボームはグランソンとモラに仕えていた。装飾的に洗練された形の頭文字は、よく胸や袖に刺繍された。

S▶1460年代のアントワーヌの護衛の弓兵、ブルゴーニュの庶子は「バービカン（厚い壁に朝顔状に開けた、扉や窓を覆う動く木の覆い）」の印のついたパレトーを着ていた。聖アンドリューの白十字と、金色の炎の形の装飾がついている。ホースは緑と白だ。特有の記章によって敵味方を見分けたが、似た印から起こる混乱や、敵の印を着けて身元を偽る兵士などの記録がいくつかある。ノイスの包囲（1475年）でケルンから来た600人の人々は、聖アンデレの十字をつけてブルゴーニュの包囲を通り、一人あたり40ポンドの火薬をそれぞれ町へ運んだ。

49

図7：15世紀のリブリー（そろいの服）と紋章（右ページ）

A▶ブルゴーニュの公爵であるシャルルの戦闘用コート。領地の紋章の装飾が腕にある。高価な刺繍、高価な布地、金銀のワイヤーと真珠は、しばしば権力者たちの防具に付けられた。大臣、議員、召使い、護衛、使者、ラッパ手など戦争の時に権力者に同行した者に対して、資産は惜しみなく使われた。きっと、万華鏡のように変化する色、紋章の図案、おとぎ話のような装飾の服装をさせてもらっただろう。

B▶ジャン・ド・エナンの記憶の記述を元に再現を試みた。1465年の遠征の時シャルル（当時はシャロレー伯、後のブルゴーニュ公）の護衛が着ていたパレトー。この階級の兵士はたびたび、このに装飾の多い服を着た。

C▶ブルゴーニュの同盟者で、フランスの城主である、ルクセンブルグのルイの護衛の弓兵の服。

D▶1466年頃のグルートフーズの領主である、ブリュージュのルイの従者は、紫と白の布地に、ブルゴーニュの聖アンデレ十字は射石砲隊の紋章が付いた服を着ていた。

E▶ヘイムスの領主の従者。

F▶1465年、モンテリ遠征の時のルクセンブルグのジャンの弓兵。残された記録によってブルゴーニュの貴族の制服がいくつか再現できた。エスケールド領主は白と緑の布に赤の聖アンデレ十字がついた服。ジャン・ド・リュバンブレ、グラン・バイー・ド・エノー（1466年）は黒と紫の布に、白の聖アンデレ十字がついた服。エムリの領主のアントワーヌ・ロリングは白と青の布に赤の聖アンデレ十字がついた服。ヌーヴィルのヒュー、聖ポールのセネシャル（モンレリーで進軍を指揮）は赤い布の服でおそらくブルゴーニュの十字はついていなかった。

G～L▶バラ戦争の時に多くのイングランド兵が着ていたリブリー。

G▶半分雄鶏で半分竜の印を付けたジョン・ウォーガンの服。彼のモットーは「気を付けて」だった。

H▶エドワード4世が支給した青と茶のイングランドのリブリーは「光芒を放つ太陽」とヨーク家のバラのデザインが組み合わさった紋章が付いていた。

I▶1458年頃、ワーウィックとソールズベリーの伯爵のリチャード・ネヴィルの配下の者は、立っている熊とギザギザの棒（この図）の紋章を付けていた。

J▶バッキンガムの公爵ヘンリー・スタッフォード。

K▶ロード（貴族の尊称）、フェラーズ。彼も当時の多くの貴族同様、何種類かの紋章を使っていた。金の蹄鉄（この図）、走っている白いグレーハウンド、金の王冠、フランスのフード（婦人帽）などである。

L▶1475年、ノーフォークの公爵であるトーマス・ハワードの従者は白いサレット（鉄兜）が付いた赤と白の上着を着ていた。スコットランドの遠征で、その中の一人、ロバート・コークはペリエ・ブリガンディン（小札を重ねた胴甲）、スタンダード（鎖帷子の襟）、サレット、一束の矢、スプリンツ（鎧の札／おそらく鎖帷子と板金でできた腕の防具）、ガセット（鎖帷子のパンツ）と上着を着けていた。

M▶1470年代にシャルル突進公の護衛の弓兵が使った刺繍の紋章。1476年にグランソンで捕られた時の軍旗にも描かれていた。

N▶金属の紋章はすべての階級の家臣に支給された。銀や金は王子の側近（王室の護衛や召使い）に、地位の低い数万人には安いピューター（錫などの合金）製や鉛鋳造品製のものが支給された。ロンドンで発掘されたこの印はエドワード4世の伝統的なバラとプランタジネット王家の「日輪型」の紋を組み合わせている。

O▶ワーウィック公爵の「ギザギザの棒」をピューターで作った紋章。ルネ・ダンジューの紋章の1つでもあった。

P▶15世紀後半の年代記に、スイス軍がいろいろな所に白十字を付けている絵がある（ただし、この図のように一度に全ての個所につけていたわけではない）。胸、袖、腿に付けるのが一般的で、稀にヘルメットやフードにも付けた。

上写真
イタリアの市民軍の立派な将校だ。羽毛付きのターバンをサレットに巻き、ジャック（歩兵の上着）には彼の街を表す雄豚の印が付いている。（写真：ジョン・ハウ）

Q▶「ベンド」または斜めの飾帯は、軍全体の中で部隊を区別するための極めて一般的な方法だった（P47参照）。帯は細長い布や色リボン。

R▶色つきのフード、胸の紋章、袖に刺繍された頭文字やスローガンが部隊を区別する。この3つ全てを同時に付ける必要はない。

S▶1436～56年のブルボンの公爵シャルルの印。陶製の砲弾またはギリシャの火を表す意匠だ。

T▶2本の横棒のある十字と王冠はルネ・ダンジューの所有物の一つであるロレーヌ地方を示す。

U▶名声を広め、安全を守るためには、目撃者の存在は重要だった。権力と栄光の物語は口伝えで広がり、話はどんどん大きくなっていった。馬上槍試合や、ページェント（奇跡劇が演じられた移動舞台）、征服したり降伏した街に入場する時に、権力者は自分の繁栄を知らせるためにお金を費やした。フランスのルイ12世（在位1498～1515年）は、イタリア遠征で征服した街に入場する式典の際に、この図の衣装を着た。彼の印の一つである、ハチとハチの巣、彼の座右の銘が刺繍されていた。

V▶ルイ12世の護衛のコートは色は様々だったが、彼のもう一つの印である、王冠とヤマアラシが、金の糸で豪華に刺繍されていた。

51

左写真

　このフランス砲兵隊もしくは技師の司令官は、シンプルで実用的な衣服と足首までのブーツを着けている。また、国を表すリブリー（そろいの服）の上に、赤と金の布に暗色の毛皮で装飾した贅沢なガウンをまとっている。彼は新しいものへの情熱に突き動かされた、非常に裕福な男であり、技術者でありながら、このように高価なガウンを上着として着用する余裕があった。頭部ではフードを巻き上げて帽子の形にしている。

　15世紀には、「砲兵隊」は単に大砲とその荷物を指す言葉ではなく、私たちが「兵站」と呼ぶ後方支援も含まれた。現存する記録によると「砲兵隊」は全ての種類の備品の管理をしていた。その中には輸送手段、弓、弩、弾薬、テント設備、橋をかけるための備品、宿営地用の備品も含まれた。弓兵の手袋、弩の射撃に使うリネン糸の紐、銃を運ぶ車の塗装などの購入価格や費用が細かく記録されている。

　20世紀の歴史家の中には、15世紀の銃砲の効果を過小評価している人もいる。事前に重さを量って包装した火薬の詰め物（ナポレオンの用語で言えば「固定した弾薬」）と取り外し可能な複数の銃の薬室が、砲尾から弾を込める野戦砲を実用的なものにしたと言える。これには十分な証拠がある（P54参照）。攻城戦用の大砲は、莫大な労働力で国を越えて運んできたあと、地面を掘ってくさびで固定するため、非常にお金がかかった。そのため、確実に戦力が倍増するという実戦での効果が見込めなければ決してつぎ込まない、とてつもない投資だった。火砲は実際に効果を見せた。例えば、7年の攻城戦に耐えた城が、1494年に、火砲によって8時間で落城したのである。（写真：ジョン・ハウ）

砲兵隊の主人

15世紀の重要な発展に、砲兵隊の使用が劇的に増加したことがある。砲兵隊は野戦用の軽めの武器と、攻城戦用の強力な大砲の両方を持っていた。これらの新しい兵器を支えるために、大量の大荷馬車隊と複雑な装備が必要とされた。そして、職人の軍人という新しい階級と、技師や金属加工職人や弾薬職人や土木工兵や荷馬車の御者などの隊員が出現した。彼らにかかる高額な費用は軍事予算のかなりの部分を食いつぶすことになった。この新しい発展はフランスとブルゴーニュで起こった。技術と科学の研究に熱心な貴族は「砲兵隊の主人」と言う新しい職業につくことができた。

上写真・右写真

暑い気候の中でつらい肉体労働をする時は、ダブレット（腰のくびれた胴衣で、15〜17世紀頃の男の軽装）の肩を脱いで後ろに垂らし腰のあたりにある前ボタンで留めた。15世紀の終わりまでは、ホース（長靴下）は腰までの長さがなかったので、ダブレットに結んで留めないとけなかった。袖は時々、体の前で結ぶこともあった。袖の無い「ダブレット」、つまり近代のベストのようなものは、15世紀の終わりまでは出現しなかった。軍事関係の文書で衣服について述べている唯一のものは、フランスのルイ11世が出した命令だ。「兵士が着る上着はシャツなしで着る袖なしのリネン製のダブレットで、そこにホースを結びつけよ」とある。

軍隊に必要不可欠な職人は全員、募集で集めて賃金を払わなければならなかった。1456年にブルゴーニュのフィリップ善良公はトルコ人に対する十字軍遠征を夢見、詳細な計画を紙に書いた。その中には500〜600人の家具職人、弓職人、矢羽職人 弩を作る職人、砲手、石工、鍛冶屋、抗夫、戦闘工兵（主力部隊に先立って、道路や橋などを建設する工兵）、労働者たちも含まれた。全員が矛や「護身用の武器」で武装し、「砲兵隊の主人の命令の下で戦う準備」ができていた。そして、弓兵の賃金である1日3ペタードが支払われた。中世の他の軍隊も遠征中は同様の労働力が必要だったと考えられる。しかし、彼らが別の隊長から支給されたリブリーや、出身地のリブリー着ていたかは分からない。分かっているのは、15世紀の半ば、ブルゴーニュの戦闘工兵は全員、ブルゴーニュの十字が入った上着を着るよう命令されたということだけだ。そして、仕事の時にエプロンをしていた職人は軍隊でもエプロンをし続けていただろう。（写真：ジョン・ハウ）

53

左写真

攻城方法の科学と技術への関心は、砲手と技師をとても重要な存在にのしあげた。何人かの有名な芸術家もその役割を果たした。その中にはレオナルド・ダ・ヴィンチやミケランジェロも含まれる。ミケランジェロは自分が築城術に詳しいことを自慢していた。写真の人物が手にしているのは、15世紀の砲兵隊と攻城兵器の機械の絵が描かれた羊皮紙を再現したものだ。このような模写は中世の軍隊に大きな利益をもたらしたようだ。現存する多くの資料を慎重に調査したところ、理解するのが難しいくらい洗練されていることが明らかになった。描かれた攻城戦装備と砲の運び台を再現してみるとは、疑いは驚きに変わった。設計の主要部分は全体的に理にかなっていたのである。

右写真

1476年のブルゴーニュ戦争の砲兵部隊を代表する聖ジョージの部隊は、慎重に組み立てた、砲尾から弾を込める2つの「野戦砲」を使う経験を数年間積んだ。実際に組み立てて長期間試してみると、この1/4トンの武器は非常に扱いやすく、石や鉄を正確に長距離飛ばした（誤差は非常に少なく、弾道は水平だった。スイスの軍隊では射程距離は300メートルあった）。同時代の記録には、砲の近くで別の砲尾を準備している絵が描かれている。つまり、3つの（交換用の）砲尾ごとに6人の人員がいた。これらの砲は安全に扱うことができて、極めて速く砲撃できたことを、再現した大砲が証明している。（写真：ジョン・ハウ）

音楽と娯楽

　王様から小作人まで、歌ったり踊ったり楽器を演奏できる人は、皆から評価された。兵士にも家にいる時と同様に楽しめる娯楽があったはずだ（軍隊には村以上に、多くの娯楽があったに違いない）。村の祭りで演奏する小さな管楽器、太鼓、フルート、横笛、バグパイプは自然と行進の時の楽器となった。即興で演奏した民族音楽のメロディーは、残念ながら今はほぼ失われてしまった。15世紀のスイスの兵士はよく、演奏者に続いて行進したが、その演奏者は時々自分の州のリブリー（そろいの服）を着ていた。武装した兵士は手に手を取って踊った。トランペッターと太鼓叩きは、宿営地でも行進でも戦闘でも合図を送り、祝いの演奏をした。

　吟遊詩人（様々なエンターテイナーを指す。軽業師、冗談を言う者、踊り手、ジャグラーから上手な演奏者、また、それら全てができる人）は貴族や王の従者の一部だった。多くのものは伝令、書記、伴侶であり、戦士やスパイもいた。1355年の「大規模な攻撃」の時、黒太子は4人のフランス人の管楽器奏者を随行させた。彼らに「縞模様の」布をロープとして与え、さらに鎖帷子のシャツ2着とケトルハット（やかん状の兜）1つも与えたことから、彼らに音楽以外のことも期待したと推測できる。

　物語を語ることは、どの階層でも気晴らしになった。ピエロやきつい冗談や猥談も多いに楽しんだ。現在では子供の遊びとされるスキトルズ（木製のボールまたは円盤を転がして9本の木柱を倒す遊び）、サイコロ、トランプ、9人のモリスダンス*、レスリング、競争、フットボールなどの多くの遊びは、乱暴でユーモア混じりに楽しまれ、広く人気があった。

上写真：デヴィッド・レーゼンビー、中世センター
下写真：ゲーリー・エンブルトン

*モリスダンス：古い英国の男子の仮装舞踏の一種。くるぶし飾りや腕輪などに付けた鈴で音楽に合わせて拍子をとり、ロビン・フッドなど物語の人物に扮した。

フランスの弓兵

上写真・上右写真

「フリーの弓兵」は赤と白のダブレット（腰のくびれた胴衣で、15～17世紀頃の男の軽装）とホース（長靴下）の上に、フランスのリブリー（そろいの服）を着ている。肩にフードが付いていることに注目してほしい。

長弓はイングランド人だけの武器ではなかった。フランダースやドイツ、フランスにも多くの優れた弓兵がいて、その一部が「イギリスの」軍団で働いていた。また、弓は一般人やヨーマンだけの武器ではなかった。ブルターニュの5代目の公爵のジャンが1425年に出した布告は、「資産の少ない貴族は、弓の使用法を知っているならブリガンディンで弓兵の装備をせよ、さもなくば、ギザーム（長刀槍）と良質のサレット（15世紀に使われた軽い鉄兜）と脚甲を装備し、各自1人のクスティア（短剣を持った兵士）と2頭の良質の馬を用意せよ。従者の少ない貴族はブルゴーニュ風の衣装と良質のサレットを着用せよ、もしくは良質のパルトー（ゆるやかな外套）に袖なしの服とその上に鉄の板金か鎖帷子を着け、使えるならギザームか弓を持て」というものだった。

失敗に終わったが、1448年に、フランスのシャルル7世はイングランドの強力な弓兵に匹敵する軍隊を作ろうとした。この時シャルルは各教区毎に、ブリガンディン風のフーク（上着）または上着、サレット、剣、短刀、弓、矢筒、弩を装備した弓兵を備えるべし、と規定し、これらの兵士は全ての税を免除すると宣言した。彼らは国を示す白の十字を着用し、時々村や隊長を示すリブリーを着用した。

1480年に没したフランスの弓兵の隊長のギヨーム・レ・メイの失われた彫像の絵がある。短い袖のブリガンディン（小札を重ねた中世の胴甲）を着て、腕と脚にハーネス、裾の装飾、鎖帷子の襟と切れ込みの装飾のあるスカートを着ている。リブリーの上着にはフランスの十字が描かれ、腕が自由に動くように胴体の両側に切れ込みが入っていた。彼の弓は典型的なイングランドの武器に見える。

下写真

この矢は典型的な構造で、細部まで再現してある。羽毛（矢羽根）は膠で接着され、リネン糸で矢の軸に結び付けてある。弓筈（弓の両端の弦をかける溝）は、軸に付けた銀製や動物の角でできた部品で強化した。矢を弓筈にかけて構える時、3本ある矢羽根のうち、色が塗られた1本の矢羽根は弓に対して垂直に、他の2本は水平になるようにした。こうすることで、弓兵は即座に構えることができた。
（写真：ジョン・ハウ）

15世紀のイングランド兵士

上写真

15世紀半ばには、騎士ではないが全身を覆う鋼鉄の鎧を着れるほど裕福なジェントルマン（紳士）が多く現れた。財布の中身に合わせて値段の違う様々な質の鎧が手に入った。ほとんどの戦いでは、重騎兵のほんの一部と彼らの主人だけが馬にまたがって戦った。つまり、多くの者は歩兵として戦ったのだ。防御を固めて戦斧や長い武器を持った歩兵で前列を固めた。この写真ではバラ戦争の時代の武装したイングランド兵士が、彼らの旗や太鼓叩きと司令官の下に指示を受けるために集まっている。彼らの鎧はばらばらで、リブリーの上着のものもいる。右の2人は全身を鎧で覆っているが、靴部分だけは鎧を着けていない。戦闘するために馬から降りた騎兵なのだ。

右写真

この15世紀半ばの弓兵は、赤いコートの上に主人であるスタッフォード伯爵を示すリブリーの紋章を付けている。彼は給料を十分にもらっているので、ベルトや剣や財布など豪華な装飾品を持っている。コートの下に精巧な鎖帷子を着ているのは疑う余地もない。

クレシー、ポワティエ、アジャンクールの3つのフランスに対する大きな勝利は、イングランドの弓兵を伝説の人にした。弓兵についてほとんどのことは分からないままだが、時々見つかる資料によって、かすかに様子を知ることができる。アジャンクールで戦った弓兵の何人かは名前が分かっている。デヴィッド・コック、ジョン・グラフトン、ルイス・ハント、リチャード・ウィッティングトン、ウイリアム・ジョーデラル、ヤンスローで、彼らの服の資料が残っている。「プールポワンに着る鎧はなく、ホース（長靴下）はゆるくなり、手斧や斧を持ち、腰帯から長い剣を吊るし、素足の者もいた。兜または蝋につけて硬くした革の帽子をかぶったり、鋼鉄の枝編み細工を着ける者もいた。」（聖レミー）
（写真：ゲーリー・エンブルトン）

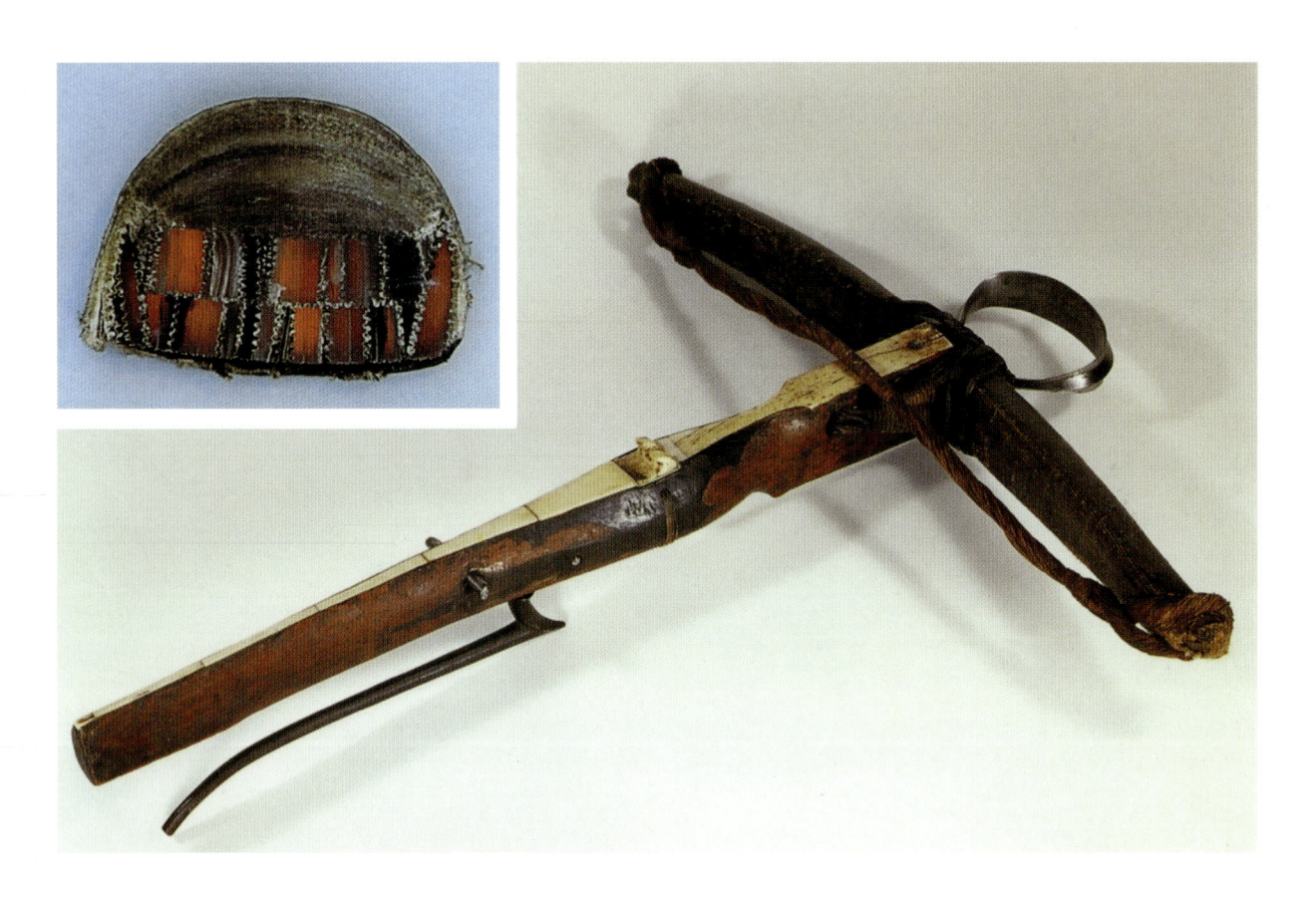

上写真

　木と鉄を組み合わせた複合材のクロスボウ（弩）の素晴らしい現存する例だ（1470年、スイス）。私たちはこれらの弓を作る技術を失ってしまったので、現存する品は貴重すぎて、弓の射撃能力を試すことはできない。だが、きっとある程度威力があっただろう。全ての国で長弓とクロスボウの両方が使われたが、ドイツ、スイスと北イタリアでは、クロスボウの射撃名人の伝説が作られた。その伝説の中にはほら話や架空の名人たちの話もあった。一方でイングランドは長弓が好まれた。軽い弓は狩りなどに使われ、てこの力を使って矢を装填するとても大きな弓は主に城の防御に使われた。

左上写真

　失われた中世の技術に目を向けるのはとても魅力的なことだ。このクロスボウの弓板の断面から、弓の内部や「腹（底の部分）」はふぞろいの角の破片で組み立てられていたことがわかる。この写真では照明が当たって、角の破片が赤く見えている。しっかりと結合するように、細部まで非常に正確に溝を彫り、部品どうしを接着した。接着剤に何が使われたかは分かってないが、この作り方は明らかに効果的であった。完成したものは左右対称でバランスがとれており、繰り返し行われる矢の装填と発射にかかるかなりの重圧に耐えることができた。弓の「背中（上部）」のステイブ（弓をのせる板）は腱から作られ、外面は羊皮紙や樺材や樹皮、または、ここに見えるように模様が描かれた紙で覆われた。（写真：ゲーリー・エンブルトン）

左写真

　バラ戦争の時にヨーク家に仕えたイングランドのクロスボウ兵。胸甲の下に、クッションを縫い込んだ袖の短いイングランドのエドワード4世を示す色をした上着を着ている。彼が身に着けているものは品質は良いが、長い困難な遠征の跡が見える。力強い鋼鉄の弓は、矢を装填するためにクレインクイン、またはクレーンクインと言う専用の器具が必要だった（P74参照）。（写真：ゲーリー・エンブルトン）

右写真

　この2人の典型的なイングランドの弓兵は、クッションを縫い込んだ上着と鎖帷子を組み合わせた防具の上に、それぞれ別の国を示すリブリー（そろいの服）の上着を着ている。かぶっているのは2人とも軽装の兜で、左側の兵士はいわゆる「弓兵のサレット（15世紀に使われた軽い鉄兜）」、もう1人はバイザー（兜の頬当て）のついたサレットだ。1485年のバッキンガム公とグロスター公が招集した兵士についてドミニク・マンチーニはこう描写している。

「ほとんどが兜をかぶり、全員が弓を持っている。彼らの弓矢は、他の国のものより太く長い。同様に、体も他の人々よりたくましい。鋼鉄の武器を扱っているからだ。弓の射程距離は私たちのアルバレスタ（鉄製のクロスボウ）以上で、腰にかけている剣は私たちの剣より短いが、弓同様、重く分厚い。剣を持つ者は常に鉄の盾も持っている。……彼らは例外を除けば、鉄の鎧を身に着けることは無い。」

（写真：アラン&マイケル・ペリー）

左写真

　百年戦争の休止期間中と1450年代の戦争終結の後、フランスの農村部は仕事のない兵士であふれかえっていた。この写真の2人は良質で丈夫な旅用の服を着て、最後の給料の一部をまだ持っている。彼らが知っている仕事は兵士稼業だけだ。経験を積んだ危険な男たちで、仕えるべき主人を探している。彼らの武器は十分に手入れされている。クロスボウのクレインクイン（写真中の①：弦を引くための器具）と剣に吊り下げてあるバックラー（写真中の②：手首に着ける円型の盾／マンチーニの言う「鉄の盾」に注目してほしい。彼らは多かれ少なかれ自暴自棄になり、以前の仲間や敵と戦ったり、自分より弱いものを残酷にもえじきにしながら旅をする。イングランドでは状況はまだましで、ある程度は制御できたが、多くの元兵士たちは盗賊や野武士などの無法者になった。肉体労働の仕事は見つけることができた。そして多くの者が路上生活者になった。雇用されている兵士から物乞いや浮浪者になることは、路上生活者を疑いの目で見る社会では社会の敵になることを意味し、犯罪者の疑いや檻や牢獄が待ち受けていた。その当時に牢獄に収監されることの意味を軽く考えてはならない。ヘンリー3世の治世の時「2人の外国人の男と1人の女性」が収監され、罪がないのに拘留された。その拘留は、男の1人が死に、もう1人の男が片足を失い、女性が両足を失うまで続いた。おそらく足枷による腐敗によるものだろう。最終的に裁判にかけられた際、法廷は「彼らは何の泥棒も悪事もしていない」と判断し、彼らは釈放された。その後彼らがどうなったかは記録されてない。（写真：ゲーリー・エンブルトン）

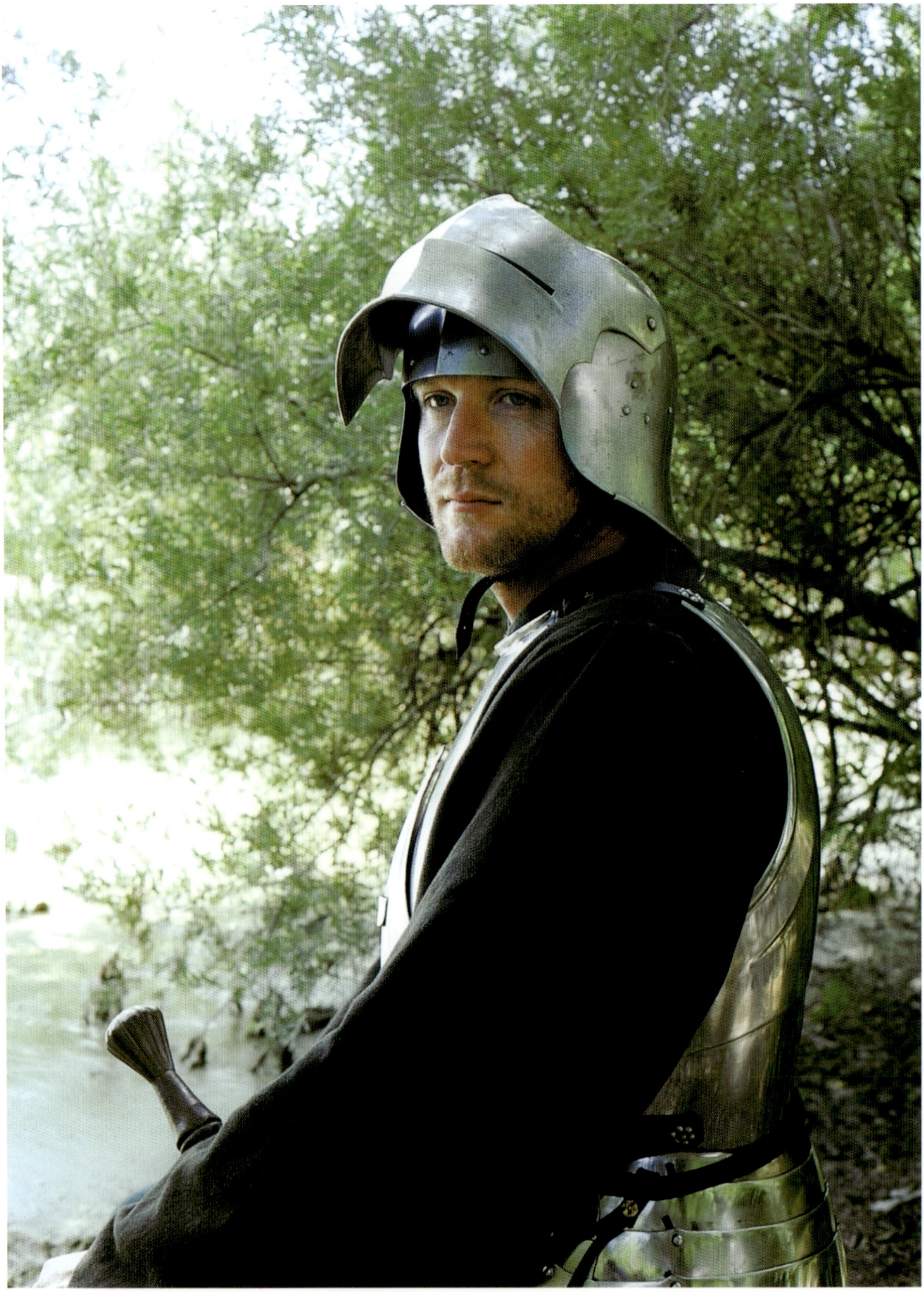

15世紀のドイツ兵士

　1460～70年に、多くのドイツとスイスの小規模な都市や街は、傭兵や街の人々を自衛力として雇用した。紛争の多い時代には、多くの市民は自分が戦うよりお金で兵士を雇うことを好んだのだ。この写真のような剣士は、ハンド・アンド・ア・ハーフ・ソード（片手半剣）で戦う訓練をし、多くの争いで経験を積んでいる。需要の多い専門職だ。戦争の時はハルバード（鉾槍：15～16世紀に使われた柄の長い武器）も携行しただろう。ドイツとスイスは政治的には同じ国だったので、兵士の忠誠心は1番に彼に給料を払う人に、2番目には皇帝と同じ言語を話す人に向けられた。彼は良質な衣服と精巧なサレット（15世紀に使われた軽い鉄兜）、胸と背中を守る板金の鎧、籠手を着けている。うねのある尖った鎧の様式はドイツの「一般兵」にとても好まれた。

　彼の鎧は体によくフィットし、必要最小限の重さになるよう槌で打って精巧に作られた。もちろん、攻撃されやすい部位は厚くなっていた。サレットは一枚の金属板を槌で打って作られ、その曲線は優美で繊細だ。日常に着る「軍用の鎧」でさえもこれだけの品質だったのだ。

　鎧は毛布のような素材で包み、わらと一緒に樽の中に入れて運んだ。かごで運ぶこともあった（ただし、1470年代のトロア〈フランス北東部の都市〉年代記には、フランス兵は自分の装備をかごに入れて運ぶことを禁じられていた、と記されている）。遠征中は、鎧は定期的な補修が必要だった。革紐や留め金、違う板金を一緒にまとめるリベット（鋲）は、交換や補修の必要があった。肩の革紐が一本切れると、鎧は着ることができなくなるのだ。

（写真：アン・エンブルトン）

左上写真

　もっとも一般的な首の防具は鎖帷子の襟だった。通常、裏地が付いていて、留め金、ボタン、ホックで、側面か背中で留めた。

左中写真

　全ての男女は金、鍵、食事用ナイフ、スプーン、ハンカチ、くしなどを、ベルトに付けたパース（財布）に入れて持ち歩いた。目立たないようナイフや短剣をパースの後ろに吊るすことも多かった。稀にコップなどをベルトに吊るすこともあった。この時代に描かれた兵士の絵にはパースが描かれていない。紛失や盗難を防ぐため、上着やコートの下に入れていたのだ。女性はよくパースをスカートとシャツの間に吊るした。金属の装飾品は人気があり、それを付けると重みでパースのふたは下を向いた。手頃な装飾品はピューター（錫などの合金）、真鍮製、鉛鋳造品製で、高価なものは銀や金メッキだった。

　16世紀初頭の本に、召使いが主人のために用意する旅支度のリストが書いてある。これは15世紀の給料の良い、召し抱えの弓兵にもあてはまるだろう。「パース、短剣、クローク（マント）、ナイトキャップ、ハンカチ、靴べら、財布、靴、槍、鞄、フード、（牛馬用の）端綱、鞍敷き、拍車、帽子、馬用ブラシ、弓、矢、剣、バックラー（円型の盾）、手袋、紐、弓籠手、ペン、紙、インク、羊皮紙、赤い蝋、軽石（消しゴム）、本、折りたたみ式小型ナイフ、くし、シンブル（指ぬき）、針、糸、替えの留め鉤、ボドキン（紐通し）、ナイフ、靴紐」

左下写真

　この丈夫な足首までのブーツは靴底を2層縫い合わせ、鋲が打ってある。2か所の留め金と、その上の1か所の紐で固定されている。

右上写真

　深いケトルハット（やかん状の兜）とアーベンテイル（兜からぶら下がった鎖帷子）の組み合わせは、英語を話す神聖ローマ帝国領とボヘミアで人気だった。

（写真：左上・右上＝ゲーリー・エンブルトン、左中・左下＝アン・エンブルトン）

右写真

1474 年の遠征時の黒い森（ドイツのシュヴァルツヴァルト地方）の歩兵団の将校。剣と戦斧で武装している。フード付きのオーバーガウンの袖がスリット状になっていることに注目してほしい。

多くの街の部隊は、装備を整え服装を統一した遠征軍だった。15世紀の軍隊が進軍する時や宿営地にいる時の様子を示すために、1つの例を引用してみたい。1431年にレーゲンスブルグは、侵略してくるフス派の信徒に対抗する軍に部隊を派遣した。73 人の騎兵と 71 人のクロスボウ兵が軍旗をつけて指揮官に従い、16 人のハンドガンナー（小銃兵）と軍隊付きの司祭と十字架のある荷馬車がそれに続いた。補助する人々には、鍛冶屋、革職人、槍職人、鎧職人、仕立て屋、コック、肉屋などがいた。部隊には 6 台の火砲と弾薬があった。41 台の荷馬車には火薬と鉛弾、60000 本の矢、300 本の火矢、19 本のハンドガン、馬小屋やテントに使う牛革、6 週間分のトウモロコシが積まれた。備蓄食料には、調理した肉やベーコン、1200 個のチーズ、80 匹の干し魚、ろうそく、ビネガー、オリーブオイル、サフラン、ショウガ、オーストリアワイン、そして大量のビールが含まれていた。90 頭の雄牛も牛飼いたちと共に同行した。服装を統一した部隊について述べている資料はたくさんある。例えば、フランクフルトの部隊は赤と白の服、ニュルンベルグの部隊は全員赤の服、ストラスバーグの部隊は 14 世紀から赤と白半々のチュニックを着ていた。1473 年のアウグスブルグの部隊は赤と白と緑色の服を着ていた。1474 年の黒い森の部隊とヴァルツフートの部隊は全員黒の服、コルマールの部隊は赤と青の服を着ていた。その年にヨハン・フォン・ヴェニンゲンというバーゼルの主教は赤いチュニックを着て、左袖を主教の色に染めた 1000 人の男を動員した。1459 年にライン川のバラティン伯がヘッセンの方伯を助けるために、彼の色である青と白の服を着た 1300 人の兵を送った。また、荷馬車が識別できるように、統一された色に塗られていた、と言う資料も見られる。

下写真

この 2 人のドイツの剣士が訓練のために着ているような、軽装の鎧も戦争では人気があった。多くの兵士が動きやすさを重視し、足の防御なしで参加したようだ。（写真：ゲーリー・エンブルトン）

図8：ギャンベソン（綿を縫い込んだ防御用の上着）、ジャック、ブリガンディン（胴甲）（右ページ）

「ジャック、プールポワン、ヒューク、ブリガンディン、ホーバージェオン、ギャンベソン、ハケトン、戦闘用コート」

これらは中世の人が様々な衣服（ほとんどは防御用）を描写するのに自由に使った用語だ。一つの文書の中で同じものに違う用語を使ったり、時代が変わると同じ用語が違うものに使われたりした。書き手は区別しているのだろうが、我々には分からない。今日、私たちは一般的にクッションを縫い込んだ防御用の衣服をジャックと呼ぶ。衣服の布地の層の間に小さな板金をいくつもリベット（鋲）で留めた物をブリガンディンと呼ぶ。プールポワン、戦闘用ダブレット、戦闘用コートはおそらく紋章を付けた上着、あるいはクッションを縫い込んだ防具、または鎧の下に着たりホースを結び付けたりする衣服のことだろう。裕福な者は時々、これらの防具を上質な織物、刺繍、宝石、毛皮などと組み合わせた。

1444年に鎧の下に着る「6層の布地からできたプールポワン」と袖付の黒いファスティアンの記録がある。サー・ジョン・パストンが1473年の6月3日に新しい外衣として着て帰宅した。

A▶ クッションを縫い込んだ歩兵のギャンベソンは1250年頃のマチェヨフスキ聖書（挿絵付きの聖書）に見られ、250年以上ほとんど変わらない。兵士の命はジャックの綿の量と動きやすさにかかっていた。製造には技術が必要であり、その質を守るために、1296年にパリで素材と構造を制定する厳しい規則が作られた。1322年、エドワード2世はロンドンの武器会社に「アケトン（鎧下）とギャンベソン」を良い質の素材で作るよう注文し、アケトン（鎧下）は古い（柔らかい）リネンと綿と、新しい布で作るように注文した。

B▶ 15世紀イングランド軍に特有の腿まで丈がある「柔らかい」上着についての記述がある。1483年の資料にはグロスター公に仕える人々は麻くずを詰めたジャックを着ていたとある。チュニックは柔らかいほど、矢や剣の衝撃に耐えることができた。フーケは、クッションを縫い込んだ丈の長い上着の歩兵を描いた。その中には鎖帷子のシャツを着た歩兵がいたが、シルエットは同じだった。後のフランドルの芸術家メムリンクは体にフィットしたおしゃれな形のジャックを描いている。

C▶ 胸当てまたは腹当て板だけは堅いジャックの上に快適に着られた。ダブレットに結び付けられた鎖帷子のズボンはしばしば胸当ての下に着られた。（メムリンク、聖ウルスラの遺物、1489年頃）

D▶ ジャックは肩部分では鎖帷子の下に、下半身は鎖帷子のスカートや鋼鉄のズボンの上に着た。（メムリンク、ザ・パッション、1480年代頃）

E▶ フィットしたジャック。腕に付いた金属は防具で、おそらく同時代の文書に登場する「スプリンツ（鎧の札）」だろう。（メムリンク、聖ウルスラの遺物、1489年頃）

F▶ フレアで大きな波形の裾は非常に動きやすい。防御のための革や糸の分厚いふさ飾りは15世紀の史料によく見られる。（メムリンク、ザ・パッション、1480年代頃）

G▶（E）のスプリンツと同じように細長く腕に結び付ける防具の別の例だ。これは、棒と輪と小さな板金でできている。（ブルゴーニュのタペストリー、ティトゥスによるエルサレム包囲、1460年頃）

H・I▶ シリング年代記には、襟が高く、袖が短くて綿が入った短いジャックが見られる。おそらくブルゴーニュに仕えたイングランド人の弓兵が着ていたのだろう。太い弓矢、小さな兜、大きな矢入れ、高い襟は誇張されている。

J▶ 15世紀後半を代表する、ビロードで覆ったブリガンディン（小札を重ねた中世の胴鎧）だ。鋲はさび防止に錫でメッキし、3つずつセットされている。鎧の右脇部分は着用しやすくするために、ビロードで覆われていない。単体で立つほど硬いが、柔軟性がある。

K▶ 同じ構造だが、短い袖、フレアスカート、タセット（鎧の草摺）が付いたより複雑な防具だ。ここでは腕を守る板金の上に着て、襟だけが見える戦闘用ダブレットに結び付けている。留め鉤がついたホースには腿までの長さのブーツを留めた。これは遠征の時の典型的な「半武装服」である。

L▶ 堅い布で覆われた防具はブリガンディンに比べると付けられているリベット（鋲）が少ない。おそらく、一枚当たりが大きい板金で出来ている鎧なのだろう。

M▶ 肩に付ける防護は珍しくない。（フランスの写本、1450～70年）

N▶ 肩の部分に全身を覆うブリガンディンの一部が見えている。ブリガンディンはリブリーの上着と、板金防具の間に着けた。

O▶ ブリガンディンの部品。板金がどの様に生地にリベットで留められていたかがわかる。

P▶ 数多くの小さい板金をたくさんのリベットで留めたブリガンディンは、15世紀終わりにはこのイタリアの例のようにおしゃれになった。スカートにはタセットの飾りがつき、七分丈の袖の鎖帷子の上に着けた。（カルパッチョ、ケルンの聖ウルスラ、1490年頃）

左写真

1409～10年にかけてヴレクソン城を包囲していたブルゴーニュの兵士の中には、ディジョンから1か月間派遣された「準備のできた」30人の「武装した男」と15人のクロスボウ兵がいた。彼らは支給されたヴァーミリアン（朱色）の服を切って白の生地の上に貼り付け、ディジョンの文字を表す形にしてジャックの上に貼った。文字を貼った紋章の例は多数ある。1464年にノッティンガムが北に派遣した部隊は、白いファスティアン織りの生地で文字を切って貼り付けた赤い上着を支給された。

（写真：ゲーリー・エンブルトン）

65

ジャックとブリガンディン

上写真と上右写真

　十分に武装したブルゴーニュの歩兵。胸甲の下にクッションを縫い込んだジャックを着るドイツ式だ。ジャックの成功の秘密は柔らかいリネンの層だ。ステッチ縫いの列でクッションの位置を固定しつつ、動きを制限しないように仕立てられていた。15世紀のブルゴーニュやフランス、イングランドにはジャックについて多くの記述がある。慎重に再現した結果、巧みな仕立てと縫い込んだクッションの厚みによっては、ジャックはかなり快適になり、動きやすく防御力があることが証明された。ジャックの肩の部分は打撃に耐えるために極めて厚くクッションを縫い込んだ。18層のリネン生地は腰の部分で縮められて、ぴったり合うよう仕立てられ、胸甲無しでも十分な防御力を与えてくれた。

　これは強調しておくべきことだが、ジャックは現代の「デュベット（羽毛を詰めたダウンジャケット）」や筒状に縫われてクッションを詰めたコンチネンタルキルト（ベッドクロス代わりに用いる柔らかい厚手のキルト）のように作られた物でない。当然だが、ステッチ縫いのみでクッションを縫い込んでない部位は、剣で切ることができる。そのため、弱い部位をひとつも作らないために、針がリネンの層全てを通るように縫うか、クッションを分厚く入れなければいけなかった。（写真：ジョン・ハウ）

右写真

　夕日が、複雑に仕立てられた背中の縫い目を強調している。（写真：ゲーリー・エンブルトン）

左写真

1470年のルイ11世の布告によって作られた最高のジャックの内部構造。18層のリネンからできている。布告の内容は以下のようなものだった。

「まず、ジャックは30枚（少なくとも25枚）の折った布と一枚の雄鹿の皮から作り、柔軟性を持った最上の衣服でなければならない。身ごろは4枚はぎにすべきだ。袖も革の部分以外は身ごろと同じくらいの強度があり、袖ぐりは大きくなければならない。袖ぐりの上部は肩の骨の上でなく襟の近くで、脇の下は幅広くとり、左右とも腕全体の下に大きく空けなければならない。襟はジャックの他の部分と同じように作り、サレットに余裕を持たせるためにあまり高くしてはならない。ジャックは前で紐で留め、開く部位にはジャック自体と同じ強度の吊り下げ具を使う。もし、袖と襟がなくて肩の部分が指4本分の幅のプールポワンを下に着ているなら、ジャックは安全で着やすいものでなければならない、そして、プールポワンにはホースを取り付ける。そうすれば、ジャックを着ている者は快適に軽やかに動けるだろう。なぜなら半ダースの男たちがジャックを着ていて刺されたり矢で射られた傷で死ぬのは見たことがないからだ。特にその者たちが戦いに慣れた兵士だったらなおさらだ。」

下写真

この歩兵は美しいハンド・アンド・ア・ハーフ・ソード（片手半剣）に革紐を取り付けて腰または肩にかけられるようにしている。鞘の上についている小さなナイフと鋭いスティールに注目してほしい。（写真：ジョン・ハウ）

ブリガンディンは様々な品質のものが数千個も作られた。中には最小限の板金が安っぽいファスチアンで覆われた単純だが頑強なものや、豪華な布地と金メッキの鋲のものもあった。1460年に、ベリー公の護衛の弓兵は「黒いビロードで覆われた、金メッキの鋲の白十字の印付きのブリガンディンと頭部にはビーコケット（サレットを指す当時の用語だと思われる）」を着用していた。古い鎧を細かく切ってブリガンディンの板金に使ったことが分かっている。時代遅れの大きな胸甲（肺を守る板金）がブリガンディンの胸の部分に使われたことを示す資料も残っている。また、様々な布地に覆われた板金を鋲で留めた、枚数が少なく面積の広い防具が図画に見られる。おそらくそれは大きな板金を示しているのだろう。

上写真・右写真

このフランスの兵士はシンプルなブリガンディンを着用している。軽量でこれから行う襲撃に役立つ武装だ。鎧には3個一組のリベット（鋲）を打ちつけてあり、留め金が前についている。通常ブリガンディンは横と肩を留め金と革紐で留めるが、前で留めるものもあった。そして、金属の輪で強化されたアイスレット（紐を通すための小穴）と留め紐がついていた。フランスのリブリーを着た彼の部隊は、防御を固めた村を攻め落とそうとしている。彼は兜の紐を顎で留めている。（そして、ブルガンディンの防御をロザリオと祈りによって高める……）

15世紀のブルガンディンがいくつか残っている。パリにあるものは表面を革で覆われているが、通常はビロードやファスチアン（羊毛と亜麻を組み合わせた織物）を使ったようだ。確かに、何かしらの頑丈で緻密に編まれた布地が、鋲で固定される必要があった。（写真：ジョン・ハウ）

ハンドガンナー（小銃兵）

このハンドガンナーは現在のスイスにあたる地域の小規模でやや荒れたヴォマルキュの城の守備隊の一員だ。1476年2月の終わりに、彼は冬用の外套を着て城の裏山を探っている。南方のグランソンから徐々に銃の射撃音が聞こえてくる。強力なブルゴーニュのシャル突進公の軍隊が、ベルン人の守備隊が守る湖畔の城を攻撃しているのだ。それは最強の軍隊が数マイル先に進軍しているという不吉な合図だった。城が落城した際にベルン人を待ち受ける悲運を、この小銃兵はまだ知らない。

ヌーシャテル伯のルドルフ・フォン・ホッホベルグの領地は攻撃的なベルンとブルゴーニュ帝国との境界線上にあった。彼は中立を保とうとしていたが、1475年に交戦国間で平和について話をしても1か月の休戦にしかならなかった。今や、スイスの連合軍はグランソンの救援のために行動しており、ブルゴーニュ軍はヴォマルキュのルドルフの城に向けて進軍していた。城はほとんどカニの爪に挟まれたようなものだった。

指揮官は、攻撃されたらできるだけ速やかに降伏するよう軍隊に指示されていたが、危険な状況だった。強大なブルゴーニュ大公の軍を連合軍が撃破する可能性があると誰が想像できただろうか？ しかし、ベルンの熊（ベルンの紋章）は強力で無慈悲な敵だった。ヴォマルキュのような小さな城は状況を秘密にしておくことは不可能だ。住人全員が隊長の抱く不安を分かっていた。つまり、「どの方角に逃げるべきか？」だ。

事実、ヴォマルキュはブルゴーニュに降伏した。しかし、連合軍がヌーシャテルに到着した時には伯爵の軍は連合軍に参加した。その数日後、1476年3月2日、グランソンの戦いで、連合軍はブルゴーニュに対して並外れた勝利を得た。全てのもの（窓や窓枠まで）を奪った後で、ベルン人はヴォマルキュを焼き払った。あまりにも簡単にシャル公に降伏した罰として……。（写真：ジョン・ハウ）

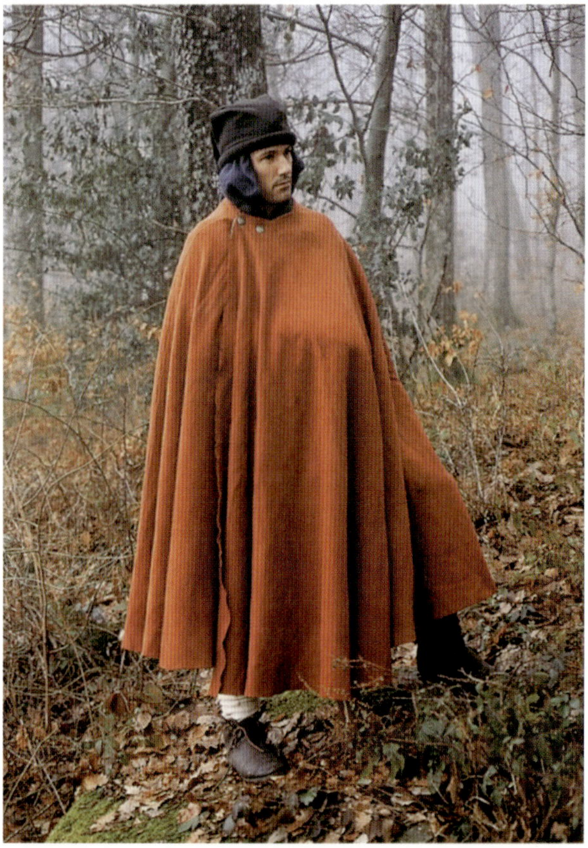

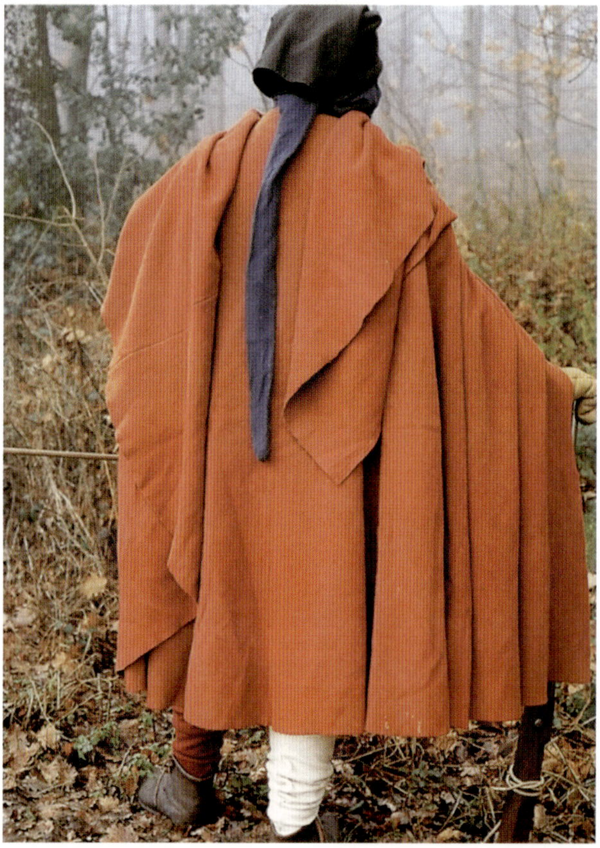

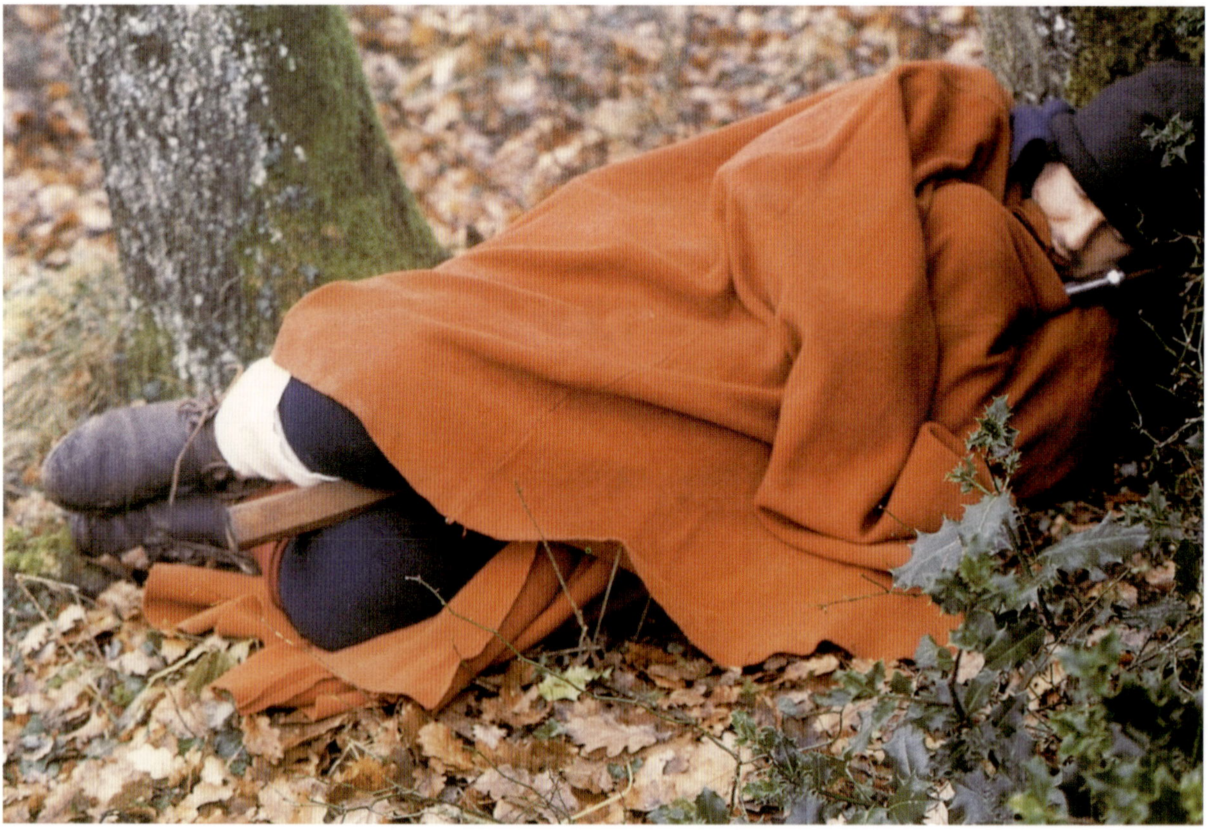

左ページの写真

「悪天候時の衣服」について、中世の絵に描かれているものは共通していないが、外套はほとんどに描かれている。全ての階級の人々が、旅する時や馬に乗る時、街の中でも雨や雪が降る時に、外套を着た。外套は兵士にとっても最も一般的な防寒着だった。丈の短い外套はおしゃれで、馬に乗るのに実用的だった。通常の丈の外套は良質の羊毛の布で出来ており、2/3円の形をしていた。体を覆うと、とても暖かく身を防いでくれた。さらに、羊毛が堅く編まれ、全体に油が塗りこんであれば、とてもよく水をはじいた。外套は胸の部分でコード（より糸：ストリングよりは太く、ロープよりは細い）と留め紐で締めた。または、2、3組のボタンで留めた（こちらの方が多い）。留め具は、外套全体の重さに耐えられるように、あるべき位置にしっかりと力強く縫い付けてあった。後ろからの写真を見ると、十分なひだの折り重なりと、フードの長い尾（リリパイプ／1470年代にはやや古臭かった）が見える。通常の丈の外套はまた、実用的な寝具でもあった。たっぷりある布地は「マットレス」と「毛布」の両方の役割を果たした。これは全ての中世の兵士が知っている遠征中の寝床だった。(写真：ジョン・ハウ)

右写真

このハンドガンナーが着ているのは厚手の羊毛製のガウンで、外套よりは手足の動きを妨げない。たっぷりとした袖には切り込みが入っている。射撃したり作業する時にはここから手を出すのだ。ブルゴーニュのリブリーを下に着ているのが見える。(写真：フィリップ・クラワー、リールストレ)

下写真

15世紀後半のハンドガンナーが自分の武器を見せている。左側の男が持ってる銃は、火がくすぶる火縄が外付けのS字形のシンプルなレバー（てこ）の先端に付いている。下半分を引くと上半分が前に倒れる形状だ。右側の男が持っているより進歩した銃は引き金とサーペンティン（ヘビ形の意。火縄を固定する物）が別々になっている。引き金を引くとてこの力で火縄が火皿に落ちる構造だ。(写真：ゲーリー・エンブルトン)

上写真・左写真
　15世紀半ばの軍隊には、どんどん増えていった多くのハンドガンナーが含まれていた。文献によると、ブルゴーニュのハンドガンナーは軽装の鎧を着け、銃を肩にかついで撃った。1450～75年頃に「火縄銃」が発達した。引き金やスプリング（バネ金）、ボタンによって放たれる。銃には火種を固定するサーペンティン、回転式の火皿の覆い、銃身の下に収納されるラムロッド※がついていた。

右写真
　ハンドガンナーは弾薬を金属製のフラスコ（弾薬盒(だんやくごう)）や瓢箪(ひょうたん)、動物の角に入れて運んだ。その中には銃弾、火打石、そしておそらく銃弾の鋳型も入っていただろう。なぜなら銃は決まった口径で作られていなかったからだ。15世紀後半のシリング年代記に、2つに仕切られた弾薬箱の側にいるハンドガンナーが描かれている。おそらくその箱の1つに弾丸、もう1つには準備のしてある弾薬つまり火薬が入っていた。（写真：ジョン・ハウ）

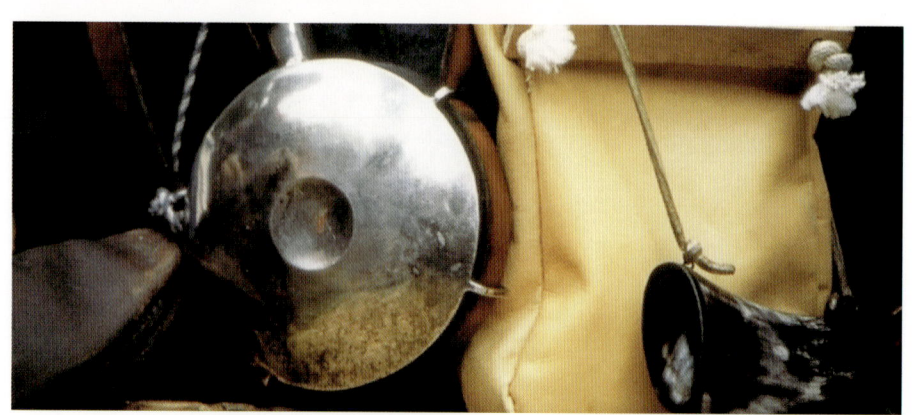

※ラムロッド：込め矢、槊杖(さくじょう)（カルカ）。いずれも前込め式の昔の銃砲の道具。「込め矢」は弾を銃身・砲身の前から詰める為の棒。「槊杖」は銃身・砲身の中を掃除する為の棒。

上写真

　兵士や街の住人は日夜の見張りに多くの時間を費やした。宿営地でも城壁の上でも、当番はランタンを持って合言葉を尋ねた。悪天候の時は分厚いガウンや外套、フードを着て過ごした。ある者たちには特別に「見張り」の装備が支給された。このヌーシャテルのハンドガンナーは、ヴォマルキュの城壁の上でランタンから火縄に再び火をつけている。(写真：ジョン・ハウ)

左写真

　鎧を着けずにフェルトの帽子をかぶったブルゴーニュのハンドガンナーだ。疲れて、汚く、髭もそらず、モラ近くの森でスイスの斥候(せっこう)たちと戦ってきた。1476年の大公の布告は厳しく兵士の武装と鎧を統制したが、破滅的なグランソンの敗北と、モラに攻撃するために軍を再編成をした3か月間で、兵士がどの程度布告に従ったか分からない。(写真：ジョン・ハウ)

　慎重に再現してみると、15世紀のハンドガン（小銃）は近距離なら十分に使いやすく、想像以上に効率的なものだった。これを携行するという当時の判断は正しい。実際に、スイスとドイツではハンドガンとクロスボウを組み合わせた「軽歩兵」の一種である散兵が組織され、弓と銃の意匠の軍旗を持っていた。ハンドガンは実際に発射して命中した時の威力以上に、戦術的な価値を持っていただろう。この写真の少年は今引き金を引くこともできるし、血にまみれて墓に入る可能性もある。全ては運任せだ。

> 外にいても中にいても同じだ。
> どこにいようと飢えは食事で満たされる。
> 骨が落ち葉に混じって転がっていたら、
> どれが農奴でどれが騎士か、誰が区別できるだろうか？
> ヴァルター・フォン・デア・フォーゲルヴァイデ（中世ドイツの詩人）

15世紀のスイス兵士

上写真

　ウリ州の部隊出身のクロスボウ兵は黒と黄色のリブリーを着ている。彼は富裕な職人の息子で、父は彼に良質のドイツ製の兜と鎖帷子のシャツ、胸甲を装備させた。彼の弓は平らな金属製のステイブ（弓をのせる板）が付いた近代的なタイプだ。この弓は極端に寒い気候の下では壊れることもあるのだが、非常に強力な武器だ。

左写真

　クレインクインを使って弓に矢をかけている。クレインクインは効率的な工具で、旧式のウインドラス（巻き上げ機）より早く矢がかけられ、馬上でも使えるほど扱いやすい。原理は現代の車のジャッキと同じだ。工具の先端に付いている2つのペグ（掛け釘）を弓の弦にかける。ハンドルを回して巻いていくと歯車のちからで弓の弦が引っ張られ、「ナット（留めねじ）」という突起物で固定される。

右ページの左上写真

　彼の矢筒は水を防ぐ雄豚の皮で覆われ、ぴったり合うふたが付いている。使わない時はクレインクインも、矢筒といっしょにベルトに吊るした。

右ページの右上写真

　短く強力な太矢や「クォール（クロスボウ用の四角い矢尻のついた矢）」には、木製または羊皮紙の矢羽が付いている。今朝、数万本の補給物資を積んだ荷馬車から支給された矢は、明らかに戦利品の本のページを切った羊皮紙の矢羽が付いている。平らで少し反ったクリップ（留め金）が弓の弦の上に固定され、矢を発射する時もナットの上に位置している。引き金からかかる上向きの圧力がナットを前向きに旋回させて解放し、矢が発射される。

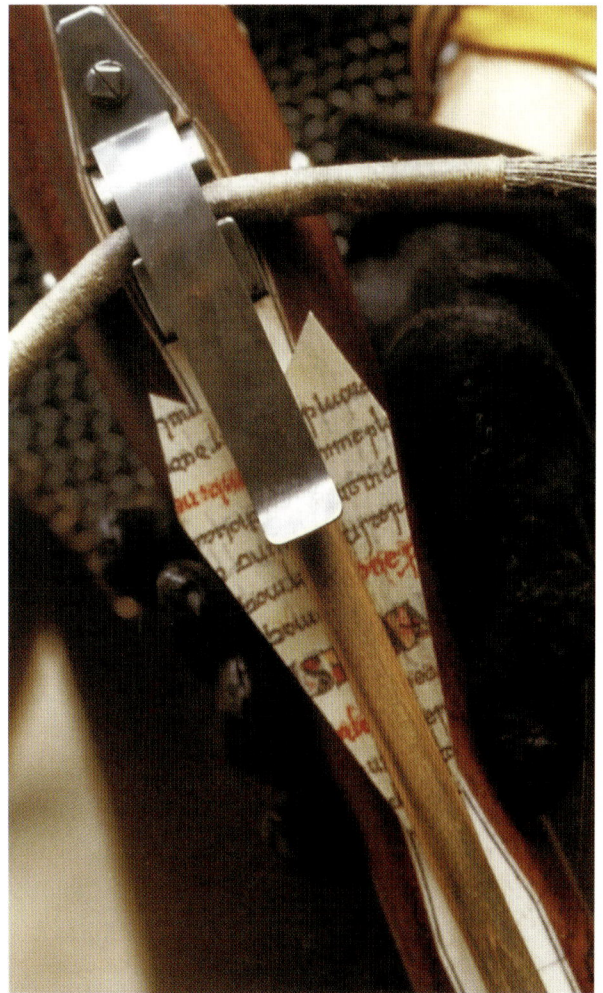

鎧の信頼性の証明

1316年の記録に「鎖帷子は剣、斧、槍、弓から身を守ることが証明された」とある。飛び道具の性能が増すと、クロスボウや銃を近い距離から発射して、板金の鎧の強度を試した。その結果、いくつかの胸甲や兜や背中の板金だけが品質を「証明」できた。耐久性にも程度があり、強力なクロスボウや剣に対する耐久性、小規模なクロスボウと投げ槍に対する耐久性、後には火縄銃や拳銃に対する耐久性もあった。1378年の記録によると、特別に強化されたクロスボウの旋転矢がテストされた。この矢にはらせん状の矢羽が付いており、矢は回転しながら飛ぶ。鎧の耐久性を試すための太矢は通常の2倍の費用がかかった。一度耐久性が「証明された」鎧は公式に印がつけられ、印のない鎧の販売を取り締まる規則も存在した。

右写真

あご髭を生やしたクロスボウ兵の指揮官。兜はターバンと羽飾りと雄牛（ウリの印）の紋章で飾られている。あご髭はラテン系の教会の慣習に背くもので、流行が慣習に勝った短い期間を除けば、めったに生やすことは無かった。ひげそりは週1回なので無精ひげが生えた。遠征中は無精ひげも長くなっただろう。目的が達成されるまでひげをそらないという願掛けをするものもいた。シャルル突進公は一時あご髭を生やしており、宮廷にいる人々も真似をした。あご髭を生やした男は宗教画や歴史的絵画に見られるが、少ない。同様に、同時代の兵士を描いた絵にも時々現れる。ブルゴーニュの隊長がヴィレ・レ・オーの宿屋でのいさかい時にあご髭を引っ張られたという記録がある。（写真ゲーリー・エンブルトン）

(写真：カーロス・オリベイラ)

略奪

　一部の幸運な兵士にとっては、仕事は短時間で驚くほど儲かるものだった。1476年にグランソンやモラでブルゴーニュ軍に立ち向かったスイス人たちほど幸運な者はあまりいない。

　エビコンの小さな村出身のミラー、ハンス・フォン・ブルック、ヨースト・シンドラーは3月2日の寒い朝に、コンサイスを臨む雪の斜面で震えながら立っていた。そして世界最強の軍隊がグランソン城で無慈悲な殺戮者にやられる様子を見た。彼らはこう思ったに違いない。「従軍するのは結局自分たちにとって得なのだろうか？」と。

　数時間後、彼らは侵略者が戦闘で破壊したブルゴーニュ大公の宿営地と巡回裁判所の中にまき散らされた莫大なお宝を見つけてはしゃいでいた。。

　この3人のエビコンの略奪者が何を得たかも、また戦利品を集めて分配する人に何を言ったかも分かっている。記録によると、彼らの一日はやや残念な結果に終わった。ミラーは足の鎧の片割れ（彼はこれをニューシャテルで買ったと主張した）、小さな軍旗、大きなロープ、馬一頭、テーブルクロスを得た。ハンス・フォン・ブルックは一対のホース（長靴下／自分で履いていた）、金メッキをしたロザリオの数珠の玉を得た。分配人によると、彼は戦闘で失われた矛の埋め合わせを望んでいたようだ。ヨースト・シンドラーは一組のナイフだけだった…。

　資料によると、これら数百のスイス人は「馬を手に入れたが逃げられた」「鎧を手に入れたが盗まれた」などの言い訳と共に戦利品を受け取り、衣服、金、銀、武器、釘、砂糖、道具、衣類、靴、他数千のものをため込んだ。検閲、道路封鎖、拘束はあったが、多くの者が逃れた。当時はこのような略奪の幸運にめぐり合う機会がたくさんあったのである。

(写真：ジョン・ハウ)

エビコン出身の3人はどのような身なりだったのだろうか？彼らは貧しくはなく、賃金をもらう職人だった。頑丈な羊毛製のダブレット（腰のくびれた胴衣）とホース（長靴下）と上着を着けていただろう。赤と白は軍事用に好まれた色だったが、一般的な色というわけではなかった。少なくとも1人は兜をかぶっていたと思われる。兜は、サレット（15世紀に使われた軽い鉄兜）か、小さく奥行きのあるバシネット（軽い鉄兜）、または丸く細いつばのついたケトルハット（やかん状の兜）のどれかだったろう。年代記には現存しない兜もたくさん描かれている。彼らはおそらくエビコンを示す色かルツェルン州を示す青と白に染めたターバンをねじって巻いていただろう。また、鎖帷子のシャツを着てその上に胸甲を着けるか、鎖帷子のシャツのままか、もしくは上半身に板金の鎧を着けるか、のいずれかだったろう。彼らの中の誰かが、かつてはルツェルン州の名物で現在のスイスになる地域全体で使われるようになった、5.2mの槍を持っていたなら、鎧の武装をしていた可能性が高い。もしくはハルバード（長さ1.8mの柄に斧と槍に取り付けられた武器）で武装していたかもしれない。武器は自身の所有物だと思われるが、村の議会から徴集された部隊となった時、武器のいくつかは借りたかもしれない。また、気候の変化に対応するためにフードとガウンを着ていたか、背負って運ぶかしていただろう。

故郷のエビコンへの帰り道は、おそらく汚れて髭もそらず疲れていたが、きっと気分は浮立っていただろう。後で回収しようと森の中に隠した戦利品についての、言い逃れも少し考えてもいたかもしれない。戦場に永遠に留まることになった隣人とは違って、彼らは故郷に戻ろうとしている。助かっただけではなく裕福になった者として。

（写真：ゲーリー・エンブルトン）

15世紀の従軍した女性

チューリッヒ出身のアンナはグランソンでスイス軍に従軍し、おそらく自分が集めた以上の戦利品を分配された。それ以上のことは、彼女について何も分かっていないし、数千いる彼女のような女性のうち、分かっているのは数人の名前だけである。彼女は行軍の途中で前方に騒音を聞いて立ち止まった。ウサギか？ それとも他の何かか？ 彼女は持っている軽い弓が使える。スイスの年代記にはハルバードや銃で武装した女性の記述がある。身分を問わず武器を取って男性と共に戦った女性が時々文献に登場する。

彼女は持っている衣服を全て着用している。2枚のシャツ、青いリネンのドレス、フードとそして略奪された村落で「見つけた」古い羊毛製の外套だ。足には羊毛製のホース（長靴下）を膝の下でガーターで留め、頑丈なブーツ（長靴）をはいている。長く困難な行軍と屋外で夜を過ごすことができる装備をしている。編んだ髪の上に典型的なヘッドクローズ（頭に巻く布）を着け、フードをかぶっている。ヘッドクローズの中心には小さいピューター（錫などの合金）製の使徒ヤコブを意味するホタテガイの紋章がある。これは彼女が数年前に達成したコンポステラへの巡礼の記念品だ。

彼女は周囲の男性に食事を振るまうための携帯食器、安物の羊毛の毛布、ビスケット、チーズ、燻製の魚、乾燥させたリンゴが十分詰まった背負い袋を持っている。「見つけた」小さい真鍮製のランタンも毛布からぶら下げている。それは今晩野宿する時の暖炉になるだろう。

チューリッヒの部隊に参加したアンナはグランソンの戦いの3か月後、包囲されたモラを救う遠征に参加しただろうか？ その遠征は戦場をまっすぐ目指して3日で140km進むものだった。シャル突進公の計画は水泡に帰した。12000人のブルゴーニュ人の兵士たちは包囲されて殺戮されるか、湖に沈められて溺れ死んだ。

（写真：ゲーリー・エンブルトン）

統制がとれた部隊の兵士は民家に宿泊したが、人口が少ない地域では可能な範囲で寝床を作るか野宿するかした。通常テントを兵士のためには持ち運ぶことはなかった。兵士は頻繁に馬に乗ったが、徒歩で行軍する者にとっては頑丈なブーツ（長靴）や靴が必要だった。所有物は全部自分で持つ傾向があった。荷馬車や荷馬がある部隊でも、予備の衣服や外套などを入れる場所はどこにもなかった。兵士と従軍者は、鞄や荷物を持っていたはずだが、それについての記述はほとんどない。

女性と子供にとって、生活はとても厳しく、残酷だったことは間違いない。寒さ、空腹、そして疲労は弱いものを打ちのめす。15世紀冬の行軍中の深刻な凍傷についての記述がある。

男性の、同行した女性に対する扱いが大きく変化する一方で、まだ揺るぎなかったローマ教会はヨーロッパ中の人々、つまり神と悪魔、天国と地獄を信じる人々の「道徳上の基本方針」を定めた。ノルマン人の征服以前から、教会は助ける者のいない農民や女性や老人や子供などの、弱い者を容赦し守る戦う男の道徳上の義務を説いてきた。

また、人々は次のようなことも信じていた。男が自分の不死の魂につけてしまった不道徳な行いによる汚点は、後に後悔と罪の告白と寄付をすることで浄化される。たとえ、それが大規模殺戮が起きる「戦争」による罪だとしても。敵の領土で敗北した時の従軍した女性や、反乱が鎮圧された時の村人を待ち受ける運命は、ぞっとするようなものだった。しかし、現代と同じように、予想していなかった後ろ盾を見つけた者もいただろう。

写真：上左右＝ゲーリー・エンブルトン）

（写真：デヴィッド・レーゼンビー、中世センター）

鎧

15世紀に広く使われたプレートアーマー（板金の鎧）には2つの主要スタイルがあった。1つは表面がきらきら光る、なめらかで丸みのあるイタリア風の鎧、もう1つは現在「ゴシック様式」と呼ぶ、うねりと突き出た突端が特徴の尖ったドイツ風の鎧である。鎧の製造の中心となる地域は、アウグスブルグ、ニュルンベルグ、チロルあたりの「南ドイツ」とミラノ周辺の「北イタリア」の2つだった。これらの地域はお互いの鎧を真似しあい、その鎧や技術はヨーロッパ中に輸出されて、他国の鎧製造者が幅広くそれを真似た。だが、作った人についてわかることは驚くぐらい少ない。宗教改革、様々な内戦、そしてフランス革命の時期に、多くの図書館が破壊され、彫刻や墓石の彫像が壊されたことがその理由だろう。イングランドやフランス、ブルゴーニュ、スペインのいくつかの彫像や彫刻にわずかに違った鎧を見ることができるものの、これがその国独自のものなのか、輸入した鎧なのかははっきりしない。まだまだ研究が必要である。イングランド、ブルゴーニュ、フランス、スペインの明白な違いがわかるようになったのは、最近のことなのだ。

左写真・右ページの写真

十分に装備を整えた守備隊の兵士の鎧。彼らは騎兵であり、騎乗してどこにでも行き、城の影響力を広げたり、城を守ったりした。彼らの武器と鎧は、そのどちらの任務にも適するようになっていた。

この鎧はシンプルで典型的なドイツの輸出品だ。兵士の鎧は一そろいの鎧のこともあるが、別々に購入したり奪ったものを組み合わせて着ることもよくあった。貴族ではない兵士が着た鎧の多くは、別々に集めたものだった。1382年に、ピサの代理人でアビニョンを基盤にする商人が「傭兵団」が解散した後の鎧の買い上げ方を指導した記録がある。平和になった時、傭兵が鎧全てを売り払うことがよくあるのだ。(写真：ゲーリー・エンブルトン)

現存する貴重な画像や描写を見ると、1460～1580年には鎧の下に着用したものに、ある程度一貫性がある。実際の根拠から論理的に考えると、その衣服は必要なところには軽くクッションを縫い込み、継ぎ目は革や布で強化した、丈夫なダブレットとホースだろう。鎖帷子のつぎはぎが板金の間の無防備な部分を覆うように縫うか紐で縛りつけるかしてあった。板金がきちんと固定されるように留め紐が付いていた。これらの衣服の形は流行に左右され、15世紀の武装した男性のシルエットは流行していた正装の影響を受けていた。また、戦闘用ダブレットは鎧を外すと正装になったようだ。これら重要な衣服の証拠については82～83ページを参照して頂きたい。

　騎士や重騎兵は補助してもらいながら、次の方法で衣服の上に完全装備の鎧を装着した。まず鎖帷子の襟を着け、横か背で留め金で留める。ぴっちりとした鎖帷子の「ショーツ」をホースの上に留め紐で結び付ける。板金製の靴（サバトン）を履く。鎧のすね当てでふくらはぎを覆い、外側についた蝶番（ちょうつがい）で垂直方向が動くようにする。次にクイス（もも当て）とポウレイン（ひざ当て）を革紐で結び、ホースの上端に結び付ける。スカート状の部品またはフォールド（腰から腿までの鉄札の防具）と一緒に、胸と背中を守る板金を右側で留め金で留める。腕と肩の防具を戦闘用ダブレットに結び付け、腕に留め金で固定する。その防具は4つの部品からできていて、ポールドロンが肩を、ラレブレイスが上腕を、クーターが肘を、ヴァンブレイスが前腕を保護する。これに拍車、兜、剣と短剣を着ければ装備は完成だ。

図9：鎧の下の服装（右ページ）

A▶バイユーのタペストリーのこの絵は、衣服をはぎとられた死体を極めて単純化した象徴的な描写だ。このままの服装を着ていたと考えるべきでない。愚か者か宗教的に悔悛する者しか裸の皮膚に鎖帷子を着たりしない。

B▶このより現実的な絵は鎖帷子の下の衣服を見せてくれる。鎖帷子は引っ張りながら頭からかぶる。この体勢は実際に本物を着たことがある人にとっては納得がいくと思う。（イングランド、チツキル詩編、1303～14年）

C▶足のホース（長靴下）は堅い材質に見える衣服に、留め紐で結ばれている。この服はおそらく丈が下半身まであり、腿のところが開いた形のダブレット（腰のくびれた胴衣で、15～17世紀頃の男の軽衣）だろう。いくつかの15世紀のフェンシングに関する絵に、似たような服装が描かれている。（14世紀後半フランス、貴族女性の本）

D▶鎖帷子は切れ込みで装飾された堅い外套の上に着た。（ローランドの歌、14世紀）

E▶15世紀後半の重要な挿絵入りの文章に、このような見出しがついている。「男は戦う時、どのように快適に武装するか」。内容は次のようなものだ。「彼はシャツを着ていないが、サテンで縁取られたファスチアンのダブレットを着ている。ダブレットは腕の大部分に付いている留め紐で強く縛り、腕の曲がるところにガセット（脇の下につけた鎖帷子）が縫い付けられている。戦闘用の留め紐は、クロスボウの弦に使うのと同じ精巧なより糸で作られ、留め紐同様に小さく尖らせて結び付けられた。それらは靴職人のワックスで磨かれたに違いない…。彼は梳毛糸製の布のホース（長靴下）を履き、擦り傷を防ぐために膝に着ける薄い毛布の短いパッドをつけた…。厚い革の靴を履き…。小さなむち縄で固定し…。3本の紐は靴のかかとに縫い付けられ、靴の中ほどにも精巧な紐がついていた。」

1434年、イングランドのヘンリー6世の武具屋であるジョン・ヒルは次のように記述している。「爪革のない紐のホースは膝で切り、斜めに切ったリネン布で縁取りする」そして「赤革の靴は紐で縛り、むち縄で底に渦巻き模様をつける」。

F・J・K▶16世紀に鎧の下に着た服。マドリッドの王立兵器庫の目録に描かれた貴重な絵である。初期の衣服に驚くほど似ている。

G▶ユアン・デ・ラ・アバディア修道士の聖ミカイルの絵は「うね織り布のホース（長靴下）」を示している。（E）の人物も同じホースを着けていたと思われる。（スペイン、1475～1500年）

H▶イタリア紳士の肖像画（1550年頃、モロニによる）。初期の戦闘用ダブレット、金属の先端の留め紐で結び付けられた革または布で縁取られた鎖帷子の別布。16世紀半ばの流行の物だけが昔の物と違っている（つまり、時代が経過しても人々は同じ服装をしていた）。

I▶鎖帷子のようなブレー（ズボン）は15世紀の写本にしばしば現れる。そのひとつである1473年の「聖マキシミン・デ・トレーヴによるブルゴーニュの布告」には、これを着ろという命令が書いてあった。

L▶1458年にジャン・フーケによって描かれた、スコットランド人から成るフランス王の護衛の弓兵。黒革または帯紐で強化された灰色の戦闘用ダブレットを着ている。

M▶同じような構造のものがブルゴーニュのタペストリー（1460年頃、エルサレム包囲）やいくつかの別の史料に見られる。

N▶15世紀半ばの戦闘用ダブレットの推測図。赤と灰色は人気の色だったようだ。頑丈なリネンを数層重ねて作られているが、過度な綿入れはなく、動きやすい形に裁断され、不快なしわができないようにぴったりと密着している。すべての縫い目と縁は、革または布で強化されている。ファスチアンまたは何かの高価な素材で覆われていたかもしれない。甲冑と接触する部分には、すぐに汚い油じみの模様がついた。そして汗は衣服に塩の「潮位点」のしみをつけた。

O▶15世紀後期、ドイツの絵画。黒い裏地付きの強化されたダブレットの詳細が見られる。ダブレットを肩の部分で脱ぎ、袖は裏返しになって垂れ下がった。

P▶16世紀初期の武装用上着（1515年頃、ジョルジョーネの絵画）。同時代の流行を反映しているが、細かい部分は初期と同じだ。2つのリベット（鋲）と座金によって、強化するために付けられた革紐がさらに補強されていることに注目してほしい。

Q・R▶綿入りの兜用の帽子は兜の裏側を補強するために着用された。1460年代に綿が入れられ、しばしば装飾されることもあったこの帽子は、頭を囲むように着用された。15世紀の後半にはおしゃれな長髪は網で編んだ帽子の中に結い上げられた。その帽子はサレット（軽い鉄兜）の中にきっちりとフィットし、デューラーやクラナッハやその他16世紀初期の芸術家たちの絵に登場する。

S▶ウィーンの芸術歴史博物館にいくつか現存する、調整可能な16世紀の戦闘用帽子。初期のものを再現するための、よい手がかりになる。

左写真

（E）の下に書かれていた記述によるとファスチアン製のダブレットは穴がたくさん空いたサテン生地で裏打ちされていた。ちょうどダブレットやホースにある留め紐を通すための小穴と同じように、丸い穴は強力なより糸でくくってあった。これによって、極めて丈夫だが通気性のよい衣服となった。この作り方が同時代の資料に時々書かれている。また、現存しているものもいくつかある。15世紀半ばのドイツの服はそれぞれの穴に真鍮の輪が縫い付けてあった。（写真：ゲーリー・エンブルトン）

83

左写真

ここに中世のとびきり上質な鎧の技術をお見せしよう。これは1450年にミラノで作られ、現在はバレル・コレクション※に収蔵されている。金属を打ち出し、金槌で叩いて鍛え、焼きを入れて硬くした。板金は熟練の職人の手によって叩かれ、形を整えられた。他の板金と重なる部分の板金を薄くし、打撃を受けるであろう場所は厚くした。見習いたちは努力を続け、このとても大変な仕事の熟練者になった。現代の金属細工人は彼らに敵わない。

これは騎士や隊長が着た「最高」の種類の鎧だ。鎧には様々な品質のものがあり、驚くほど安いもの、中古、修復した鎧なども手に入った。しかし、未完成でむき出しのままの鎧はなかった。人々の命は異なる板金が互いに正確に働くことによって守られるのだから。鎧の製造は専門的で、要求の厳しい国際的な顧客のための、確立した産業であった。(写真：グラスゴー博物館／バレル・コレクション)

下写真

異なる3種類の鋲を打った鎖帷子。これらはおそらく15～16世紀のものだ。写真の右下の鎖帷子は端が真鍮製の輪でできている。鎖帷子は非常に異なった品質、大きさ、そして重さで作られた。そのため、年代を特定することはほとんど不可能である。鎖帷子は鉄の針金で作るので、とても錆びやすい。あまり驚くことではないが、ほとんどの現存する中世の鎖帷子は、出所が不明で断片的なものばかりだ。しかし、少なくともいくつかの鎖帷子がきれいな形で残っているように、もしきちんと手入れして油をぬっておけば、無限に持つ。一般の兵士が使った鎖帷子の全てが新品で良く手入れされたものではなかった。実際、とても古くからある鎖帷子で、間違いなく中世の終わりまで使われたものもあると、推測されている。(写真：ゲーリー・エンブルトン)

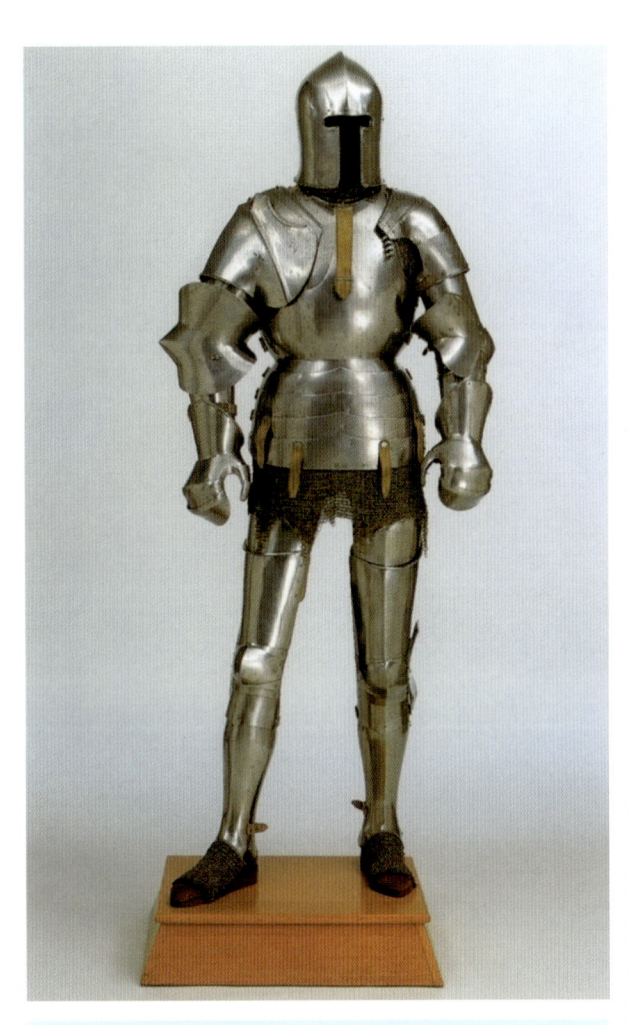

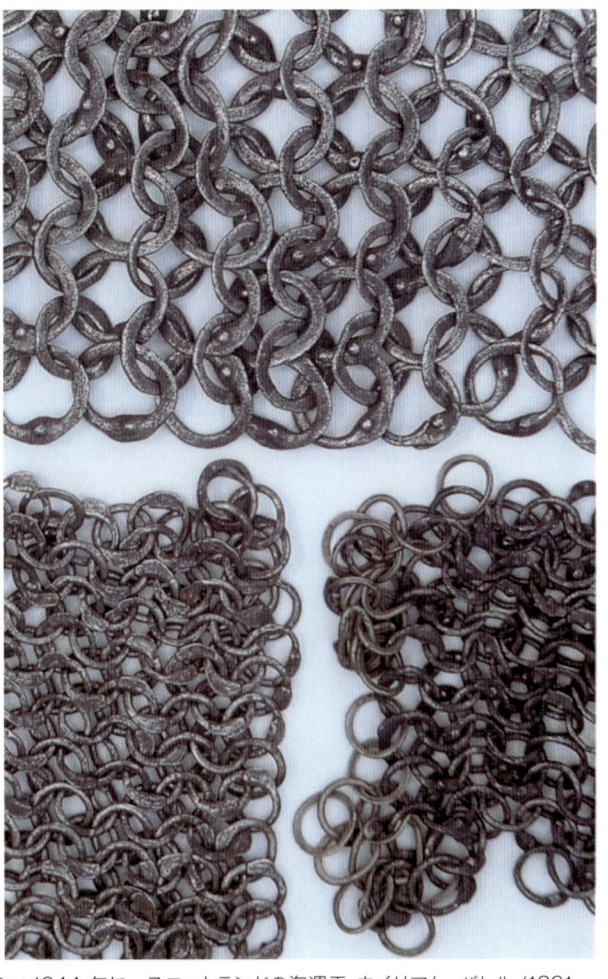

鎧はどこへ消えたのか？

中世の鎧は今日ではとても希少だ。一つだけ明らかに、ヘンリー8世の治世（1509～47年）より前のイングランドのものとされる鎧が残っている。現存する鎧はほとんどが王や貴族のもので、その歴史的、美学的価値のために保存されている。それ以外の鎧に何があったのだろう？鎧は何世代にも渡って工業的な規模で製造され、ドイツとイタリアの巨大な生産地は、国内用の生産を減らしてでも、数万個の「鎧」を大陸中に輸出した。

鎧は戦争や船の難破で失われ、時代遅れになると兵器庫や屋根裏で錆びて朽ちた。使い道がないと思う鎧は、丸太道や料理用の深鍋、扉用の部品に姿を変えたり、切ってブルガンディンやジャック用の小さい板金にされた。

1575年にロンドン塔の武具師の親方であるジョージ・ハワードは、古い鎧を1500着の海上勤務用ジャックに転用するように命じられた。1635年にチャールズ1世はロンドン塔に10000人分の鎧を残して売った。今日ではお宝となる鎧が民兵のものになったと推測される。鎧は初め武器庫に集められたが、時代遅れになると、好奇心で収集された。「戦闘手段」だったたくさんの鎧は、例外を除いて消えていった。今日私たちに残されているものは、珍しいコレクションなのだ。15世紀のドイツとイタリアの精巧な鎧は多く残っているが、イングランドのものと認識できる鎧はない。

※バレル・コレクション：1944年に、スコットランドの海運王 ウイリアム・バレル（1861～1958年）がグラスゴーに寄贈した絵画・タペストリー・陶磁器および青銅製品のコレクション。

現在残っている兜は、中世に作られた数十万個のうちのほんの一握りだ。私たちはそれらから兜の種類と発達を体系的に描こうとした。よく使われた多くの兜は、現存していなくても絵に描かれている。最も一般的な種類の兜は、バイザー（頬当て）がなく奥行きの浅い、様々な種類のサレット（軽い鉄兜）だった。サレットには頸部の防御がなく頭蓋骨を覆うだけの帽子から、深い頸部の防御が付いたものまで様々な種類があった（**左上写真**）。バイザー付きのサレット（**右上写真**）や、バイザーはないがつばが深く伸び、その中にアイスリット（目視するための穴）があるサレット（**左写真**）は、15世紀に人気だった。ほとんどの兜は明るく輝くまでに磨き上げられていたが、鍛冶屋で作ったままの黒い兜や、青や茶色に塗られたり、絵柄や座右の銘が描かれた兜（**左写真**）などもあった。ケトルハット（やかん状の兜）や、第二次大戦でアメリカやイギリスが使った鉄兜の形から、深いつばでねじれや王冠上の溝がついた形まで、お椀型の様々な兜はとても人気があった。（写真：上＝ジョン・ハウ／左＝ゲーリー・エンブルトン）

85

ランツクネヒト※（傭兵）

※ランツクネヒト：1486 年にマクシミリアン 1 世によってスイス傭兵を教師にして編成されたヨーロッパ（主にドイツ）の歩兵の傭兵。

1515年のランツクネヒト（傭兵）のハンドガンナー（小銃兵）。遠征の始めなのでまだ華美な服を着ており、図10・11（P89・91）の細部の特徴的が見られる。白いコイフ（頭巾）の上に派手な帽子をかぶり、あごでしっかりと結んでいる。ダブレットの一般的な留めかたは前についたプラストロン（シャツの胸部を覆う糊付きの布）をフックで留めるか、留め紐を小穴に通して前か左で締めるものだったが、彼は前でボタンで留めている。ぴったりとしたホース（長靴下）は上質の羊毛の布で出来ていて、腰より上まであるので他の服と結ばなくてもずり下がらない。ホースとダブレットの間からシャツがはみ出している。首には真鍮製の弾薬を入れるフラスコ（弾薬盒）をかけ、典型的な短い剣をほぼ水平に腰に結びつけている。

　主な武器は、重々しい銃床がついた真鍮の銃身の火縄銃だ。火縄銃は1470年代に使われ始めてからほとんど変わってない。実際に作ってテストしてみたところ、弾を装填する速度は、火打石を使うマスケット銃とあまり変わらず、（大勢の標的に向けて撃った場合）正確さも驚くほどの差はなかったことが分かった。（写真：ジョン・ハウ）

図10：1500〜1525年のスイスとドイツの歩兵（右ページ）

　16世紀の初めに、スイスとドイツの傭兵の間でとても人気が高かった、切れ目入りの服の起源は明らかではない。一番知られた説は、スイス人の兵士が1476年にブルゴーニュに勝利した時に手に入れた、体にぴったりと密着する服をゆったりと着れるように、服に切れ込みを入れたのが始まりというものだ。しかし、これは信じがたい。衣服は何世代もの間、略奪されてきた。ほとんどの15世紀のホースとダブレットは、ぴったりと密着する服であり切れ目を入れずに着ていた。スイス人とドイツ人が、殺して略奪した相手より体が大きかった証拠は、全くない。実際、彼らは頻繁に互いに殺し合い、略奪し合った。現代の歴史家でもそう思うほど、「スイス人兵士はロマンのある山の民」と信じている人が多いが、実際は全く異なっていて、多くのスイス人兵士は、職人や街や平地の村の住人だった。多くの現存する絵は、これらの衣服が「目的のために」適切に切れ目を入れた衣服であったことを示している。着る者が自分で切れ目を入れた市民用の服であることを示す証拠は全くない。

A・B・C▶ これらは帽子やターバンにつけたダチョウの羽根飾りの発展を示している。15世紀の終わりから16世紀の初めにかけて、スイス人（特に将校や軍旗の旗手）がこれらを着用した。傭兵にも羽根飾りをつけた者がいたが、この飾りはスイス人の特徴的な装飾品とみなされている。

　当時の北スイスと南ドイツは国家的または地理的に分離されていなかったことを思い出してほしい。つまり、誰に忠誠を誓うかと、衣服の流向は様々で、スイス連邦の兵士のほとんどは自分たちのことを「ドイツ人」だと思っていた。「マクシミリアンの勝利（1515年）」の木版画のなかで行進している兵士の中に名前がついた3人のスイス人がいる。ピーター・フォン・ヴィンテルトゥール、フレック、そしてヘイン・オテルだ。実際、この部隊には様々な国から傭兵が参加していた。「マクシミリアンの勝利」には他にも「功績のある兵士」として、リチャード・ヴァントス（イギリス人）やファン・タルサット（スペイン人）の名前が記されている。

D▶ 15世紀後半から16世紀前半の衣装の印象的な特徴は、コッドピース（股袋）の発達だ（ちなみにフランス語では「跳ね橋」と言うあだ名がついている）。最初は、単純で実用的な、ホースの股間につける布だったのが、やがてしっかりとクッションを縫い込むようになった。また、後には切れ目を入れたりリボンで飾ったりして、着用者の男らしさを誇示するようになった。これについては、数多くの卑猥な話がある。記録を読むと、あるジェントルマンはコッドピースにパース（財布）とハンカチとオレンジまで入れていた。また、ハンス・フォン・シュヴァインヒエンは50枚の金貨を縫い付けていたが、残念なことにケルンで盗まれてしまった。

E・F・G▶ 1600〜20年代頃のホースは2つの部分に分かれていた。「靴下の上半分」つまり、太ももと臀部をおおう半ズボン部分と、靴下部分の2つだ。それらは縫い合わされて一つの服のようになることがよくあった（G）。また、留め紐で結んで靴下の片方もしくは両方の端を折って着ていた（F）。

H▶ 織物や革でできたリボンで先端に金属が付いたと留め紐は、2つの衣類の穴に通して片蝶結びにし、衣類同士を結び付けた。ホースをダブレットに結び付ける時もこれを使った。結び目はそのまま見える状態にしたり、押し込んで見えないようにしたりした。

I▶ 1520年の典型的なスイス人の衣装。ローネックの上着は、しっかりとクッションを縫い込んだ袖とタイトな腰の部分を引っ張るために、胸の部位で、（この場合フックと留め紐で）しっかりと固定しなければならなかった。実際に作って試したところ、固定してない上着は、袖の重みで肩から脱け落ちてしまう傾向があった。この特徴は当時の絵にも現れている。

J▶ 上着の後ろ側。この上着はハイネックだ。ダブレットと腰までの長さのホースはお互いを固定せずに着ることもよくあった。その場合、留め紐は垂れ下がり、シャツはゆったりとしたひだになって腰の周りに垂れていた。たっぷりと縫い込んだクッションと切れ目は、戦闘中に切り付けられた時にある程度の防御力があったと思われる。

K▶ 様々な版画や描画に描かれた細部を複合して再現した、遠征中の兵士。片足（もしくはその一部）を裸にしておくことが流行していた。暑いスイスとイタリアの夏には、涼しかっただろう。傭兵たちはボロボロの服を着て、羽根飾りは外し、脚は裸で、壊れた靴かサンダルをはいていることがよくあった。しかし、給料日やパレードの時に着る、美しい衣装は常に準備していた。

L・M▶ 革製の「オーバーオール（つなぎ）」はスイス人より傭兵の間でとても人気があったが、スイス人も傭兵もこれを着た。時々分厚いものもあるが、かなり柔軟性のある革で作られており、軽くて効果的な防具となっていたようだ。

N▶ 15世紀の後半に着用されていた、金属の部品を繋いだ「スプリント（籠手）」は、16世紀初めにもまだ着用されていた。この絵では胸甲とフォールド（腰から腿にかけての鉄札の防具）と共に着用している。

左写真

　このいかめしいスイス人の隊長はお洒落な切れ目の入った服を着ているが、羽根飾りは無くしてしまった。シンプルな頭蓋用帽子型の兜をかぶり、冷たい夏の雨避けに外套を着ている。彼はイタリアへの帰り道の途中で、これから高い山の峠を越えなければならない。良い天気とすみやかな行軍を神に祈りながら……。（写真：アン・エンブルトン）

A 1500
B 1501
C 1508
D c1500
E 1502
F 1515
G 1512
H
I c1520
J
K 1512
L 1510
M
N 1515

ランツクネヒト（傭兵）の軍旗の旗手と彼の妻。1515年。（写真：ジョン・ハウ）

図11：1515～1525年の スイス傭兵とランツクネヒト※（傭兵）（右ページ）

肩や肘の動きを楽にするために入れた衣服の切れ目は、15世紀後半にイタリア人の衣装に現れ、スイス人やドイツ人にも広まった。これは1500年に近づくにつれて市民や傭兵にも広まり、1500～1520年に非常に流行した。興味深いことに、1513年のルツェルン年代記には多くのスイス人兵士が現れるが、切れ目の装飾ほとんどない。一方で、スイスの芸術家のウルス・グラフとニクラス・マニュエル（両者ともイタリア戦争に兵士として従軍）の作品にはこの切れ目がたくさん現れる。1515年の戦勝パレードの様子を描いた一連の木版画「マクシミリアンの勝利」には多くの切れ目の装飾が描かれている。地域や国ごとに違いはあったものの、1520～1530年頃までにはこの様式はヨーロッパ中の宮廷に広まった。

スイスとドイツには様々な変化形があったが、そこには独特の特徴が見られた。スイスもドイツもお互いに関連があったので、同類の装飾とそうでない装飾を分けるのは大変難しいが、集団としての外見を見ることで識別できた。スイス傭兵と彼らの仲間であるフランス人、そして敵であるランツクネヒトを、スイスの芸術家たちがどのように描いたかをここで紹介しよう。

A▶典型的なランツクネヒトの戯画。スイスの兵士で画家だったウルス・グラフ作。

B・C・D▶敵と友人と雇用主を経験のあるウルス・グラフの目を通して描いた素晴らしい作品。

B▶ランツクネヒト。アメリカ人をカウボーイハットとカウボーイブーツで描いた現代の漫画の様に、分かり易いが現実の姿ではない、ステレオタイプ的な描写だ。

C▶スイス傭兵。

D▶フランス人の徴募官。保守的な衣服を着ている。つまり、十分に切れ目の装飾を入れる「ドイツ」様式はフランスではあまり人気がないのだ。興味深いことに、彼の腕の部分に黄色のユリ形の紋章（フランス王室の紋章）がある。グラフのもう一枚の絵でもスイス人がこの紋章をつけているのが描かれている（E）。頻繁に描かれるスイスの白十字やブルゴーニュ帝国の聖アンデレ十字以外に、識別用の紋章がどのくらい幅広く使われていたかは分かっていない。

F▶ランツクネヒトの後ろ姿。背中に吊り下げている帽子が見える。彼の剣は典型的なドイツ人の歩兵が持つ両刃の「カッツバルゲル（ドイツ騎士団の長剣）」もしくは「キャット・マングラー」だ。靴底に鋲を打った替えの靴が、ハルバード（鉾槍）に結んである。細部はウルス・グラフが描いた。

G▶典型的な遠征中のスイス人。首にパース（財布）を下げている。派手な服は擦り切れたり裂けたりするきざしが見える。ウルス・グラフとニクラス・マニュエルの両者ともずたぼろになった兵士を頻繁に描いている。イタリア戦争の時、サンダルはすり減った靴の代わりとなった。この長いハンド・ア・ハーフ・ソード（片手半剣）はランツクネヒトよりスイス人の方が持っていることが多かったが、ドイツ人については分からない。相次ぐ戦闘と略奪と、その結果起こる衣服と武器の交換によって、お互いに見分けがつかなくなってしまったに違いない。

H▶縁に切れ目があり、2つに突き出た「耳」がある帽子。ウルス・グラフ画。スイス人の間で一時的に流行したものだと思われる。

I▶ドイツ人のランツクネヒト（左）とスイス人の傭兵（右）。ウルス・グラフの版画。前者の平らな帽子と口髭、S字形の剣の鍔は誇張されている。

J▶比較のために、15世紀終わりの典型的なドイツ人の小作農の衣装を紹介する。古い形の服で、支配者が着ている衣装のような派手な飾りは一切ない。荷馬車の御者や傭兵軍に同行した者は、このような身なりをしていた。

※ランツクネヒト：1486年にマクシミリアン1世によってスイス傭兵を教師にして編成されたヨーロッパ（主にドイツ）の歩兵の傭兵。

16世紀初めの鎧

兵士たちを見ると、鎧よりも華やかで目立つ衣装に目がいってしまうが、歩兵や騎兵などは、少なくとも部分的な鎧をまだ使用していた。火器が多く使われるようになって、鎧の価値がなくなったことを強調しすぎてはいけない。とても重く高価で、弾丸にも耐えられる鎧を使用できたのは、ほとんどが騎兵だった。また、火縄銃の弾丸はほとんどの材質を貫通したが、それでもまだ、歩兵にとっての主な脅威は刀剣類だった。この時代の歩兵の半数以上が矛と刀剣類を携行していたと思われる。そして、頻繁に戦う敵も同じような武装をしていた。鋼鉄の「ハリネズミ」の大規模なぶつかり合いでは、少なくとも体の上体部を覆う鎧は必要だったのだ。

富裕層の鎧は中世の伝統通り、装飾を施した見せびらかすためのものだった。多くの偉大な王子たちとその廷臣や護衛は豪華な装飾を施した鎧を着けた。彫刻（精巧な線を表面に刻む）やエッチング（腐食銅板術／金属の表面に酸で絵柄を刻む）は16世紀に頂点に達した。線を黒く塗り、磨いた板金に金や銀のメッキを施すと、すばらしいものに仕上がった。高浮彫りの装飾が施された鎧は15世紀の終わりに現れ、16世紀には「パレード用の」鎧として、きわめて高い水準に達した。

A
1519

B

C
c1523

D

E
1522

F
1515

G
1515

H
1516

I
1524

J
c1512

ここに16世紀前半の傭兵とスイス兵が履いた3種類の靴がある。再現した靴は、がっしりと丈夫で、長い行軍に耐え、中に水が入らず、快適であるに違いない。もしそうでないなら、再現の仕方に問題があるはずだ。(写真:ゲーリー・エンブルトン)

左写真
　爪先の幅が広く、足首までの長さの、実用的で快適なブーツだ。長い革紐で留める靴は、当時の小作農の靴にとても良く似ている。

右写真
　爪先の幅が広い「乳牛の口」の靴だ。実験してみた結果、かかとと内側のサイズが合っている限り、快適だった。

左写真
　絵画や版画によく描かれるこの靴は薄く、爪先が幅広く、靴の先がかろうじて爪先をおおうくらいの形をしていた。足で締める靴だが、普通に歩く分には十分快適だった。しかし緩んだ地盤の上を走ったり、戦ったりするのはほぼ不可能だった。もっと豪華な靴はパレードや外出のためにとっておいたのだろうか？ これらの靴は「Time　Farer（時の旅人）」のデイビッド・マッケイブが着用してテストするために作った。彼は、歴史的な靴の形と感覚について稀有な視点を持った、すぐれた職人である。

左写真

　この写真から、どのようにダブレットを肩から脱ぎ、留め紐で結んだホースに巻き付けたかがわかる。ダブレットのたっぷりとあるひだひだとクッションで暑くなった時は、このように脱いでいた。

左下写真・右下写真

　鋼鉄製の頭蓋用帽子や小さなサレットは、胴体を守る鎧と同じように、よく着用された。ほとんどの者にとって通常、鎧は胸甲か、胸と背中を守る板金だけだった。しかし時々、この優雅な長い丈のサレットをかぶった将校のように、美しく装飾され溝が彫られたドイツの鎧を着ることもあった。これは1515年頃には少し古い形になった鎧だ。しかし、まだ十分に使えて体にフィットする高価な鎧は、流行のためだけに捨てるにはもったいなさすぎる。（写真：ジョン・ハウ）

93

あとがき：
中世の衣装の再現

　多くの人々にとって、何かを再び形にすることは非常に楽しいことだと思う。それは作る人だけでなく、見る人にも同じような喜びを与えてくれる。また、それがとてもうまくいった場合、人々の意識を開き、過去に目を向けさせることができる。第一、作ることは楽しむことでもある。もし、お金を払ってくれる人たちの前で行えば、その人たちを楽しませることもできる。もし、それが「教育」だと言うなら、真実を伝える努力をしないといけない。もし、それが「正確だ」と主張するなら、どれくらい正確か他者の判断を仰ぐべきだ。これは、決して簡単なものではない。

　誰も戦いを正確に再現することはできない（もしくはしようとしない）。戦いの再現はかなり大まかな光景を劇場で見せる作品にしかならない。しかし、もし慎重に再現するなら、日々の生活の光景、例えば職人の仕事や軍隊の訓練、宿営地での生活、スポーツなどは、とても興味深いものになるだろう。

　細部にまで目を向けていくと、過去の生活の断片や中世の軍隊の衣装を再現するために、膨大な量の作業が必要になる。私たちにはそれが当時、本当はどのようなものだったのか知ることができない。100％正確であると断言することもできない。しかし、できる限り誤解をなくそうと努力することはできる。例えば、ハリウッドの神話や、歴史の本によって受け継がれる神話などによる誤解だ。もしあなたが過去の「制作物」を10m離れた距離から見せようとするなら、何も近道や妥協をする必要はない。優れた映画製作会社がするように、武器と鎧の形と衣類のシルエットを正しく把握しようとすれば良い。しかし、もしあなたが忠実に再現し、10mではなく30cmの距離から見せようとするなら、多大な作業があなたを待ち受けている。

　もし、羊毛とは全く違うナイロンの衣服と、近所の板金工並みの金属加工技術で作った「鎧」を使うなら、あなたは「これが当時のものを忠実に再現した鎧だ」と主張することはできない。本物の鎧はぴったりと密着して体を守る。ガチッと当たったり、ガタガタ音を立てたり、詰まって動かなくなることはない。手作りの道具は現代の大量生産のものより優れている。技術のある人の手縫いは現代の機械で縫ったものより精巧だ。

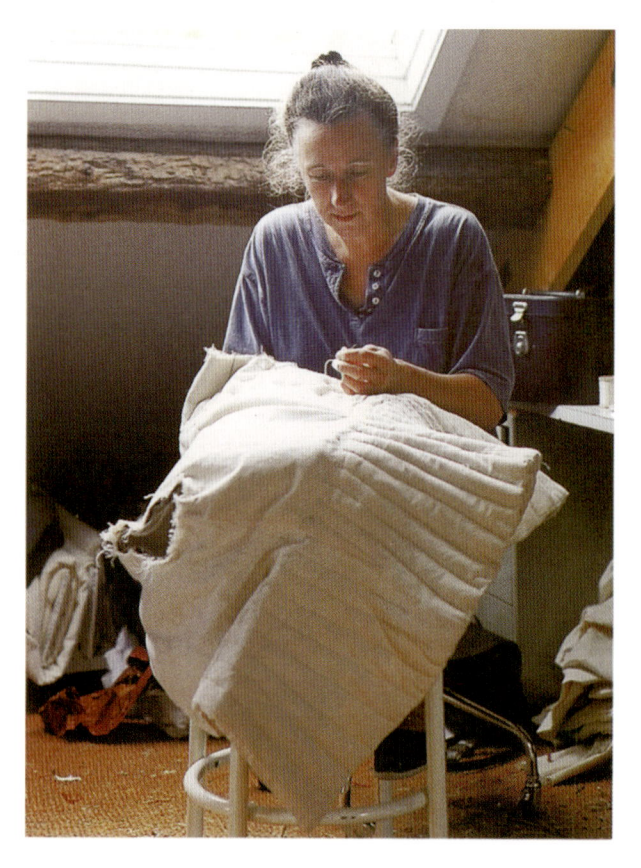

　再現するものは全て説得力がなければならない。また、徹底的にその時代の資料を調べなければいけない。熟練した職人ほどではないにしても、まずまず満足できるものを作ろうとしなければいけない。現代人には当時の人にかなわないことがたくさんあることを素直に受け入れないといけない。その制作技術は失われてしまったのだ。公爵はもちろんのこと、一人の騎士とその天幕や馬、装備の説得力のある再現ができるだけの十分な資金も持っていない。洗濯

上写真
　「歴史を縫う」アンジェラ・エッセンハイは本書の中のたくさんの衣装を作った。今は本物のジャックの作業中だ。その中の空気には、呪いの声、苦痛の叫び、針が折れる音が詰まっている……。（写真：アン・エンブルトン）

左写真
　再現するのは楽しい！　セント・ジョージ社の社員による「家族」の集まりの再現。スイスのレンツブルクの城で撮影された。写真中に現代のものは一切写っていない。（写真：ゲーリー・エンブルトン）

左写真

「工芸品」のポール・デニーと助手がアルザスのオーケニグスプール城の本丸に向けてクルミを発射している。見ている人がこれの大型版を欲しがることを願いながら。(写真：ゲーリー・エンブルトン)

下写真

1998年にデヴィッド・レーゼンビーとデンマークにある中世センターの彼のチームが、15世紀の革の潜水服と金属のヘルメット、鉛の錘入りのバッテン（木靴）、ふいごによる空気の供給を再現した。潜水服は同時代の資料に基づいて作られて、注意して扱えば5.5mの深さまでは耐えた。そのような潜水服が発明者のノートに書いてあったとしても、存在を証明したことにならないが、知られている技術と利用可能な素材の範囲でこの潜水服が作れることを示した。(写真：アンドレア・ジェンセン、中世センター)

女や一般の弓兵を再現するだけでも十分に大変なのだ。私たちの中の何人が45kg以上の弓を引いて射ることができるだろうか？

もしあなたが現実の中世の兵士やそれに同行した者の恰好をしようとするならば、彼らが愉快な「衣装」を着てはおらず、仕事や屋外での生活のために頑丈に作られた衣服を着ていたことを覚えておいてほしい。あなたが手に入れられる最上質の羊毛やリネンを選び、正しく裁断して、自分の衣服として着てみる。想像してほしい、あなたはその服を夜も昼も、屋外や雨天、直射日光の下で着ないといけないのだ。そしてその時間の大半は必要な装備を全て背負った状態で、険しい道を行軍しないといけないのだ。もしあなたが兵士を再現しようとしているなら、あなたは走り、跳び、ころげまわり、そして戦ってみる必要がある。そして小川を渡り、木やイバラの中を進む必要がある。

あなたは作った衣装や道具が現実のものだとまだ思っているだろうか？ 最低でもテストには耐えられるように見えるだろうか？ あなたが衣装をより実用的に作ったならば、それは着心地が良く、本物らしく見える物になるだろう。

ブリキで出来た偽物に見える騎士や中世の布地には全く見えない派手な手作りの衣装を着た貴族の女性を再現しようとするより、身分の低い兵士やその同行者の、単純だが良質の道具を辛抱強く何個か手に入れる方が良い。

私たちはこの本の図があなたを励まし助けになることを願う。これらを作ることは価値のある経験になった。また、それは実験でもあった。あなたが正確さを追求することに喜びを感じるかどうか分からないが、どちらにせよ常に覚えておいてほしい。歴史をよみがえらせる手助けをする方法は数多くある。そしてそれらの方法全てに、そこから学べる何かがあるのだ。新しい考えを受け入れる偏見のない心を持ち続けよう。学んだことを共有しよう。そして、自分がした間違いを認め、訂正することを恐れてはいけない。皆を助け励まそう。そして何よりも、楽しもうではないか！

GAE Prêles　2000年5月

参考文献

私たちの主題を詳細に扱っている本はどこにもないので、ここに列挙した資料を個別に参考にした。私たちが軽く触れるにとどまった項目については、これらの資料を補足として参照されることをお勧めする。

ファッションと衣装

『Jeanne d'Arc』A. Harmand 著、Librairie Ernest Leroux、パリ、1929 年
『Medieval Costume in England and France』M. Houston 著、Adam & Charles Black、1979 年
『Ancient Danish Textiles from Bogs and Burials』M. Hald 著、デンマーク国立博物館、1980 年
『Dress in Anglo-Saxon England』G. R. Owen-Crocker 著、マンチェスター大学出版局、1986 年
『Fashion in the Age of the Black Prince』S. M. Newton 著、Boydell Press、1980 年

日々の生活と軍中の生活

『A History of Private Life』P. Aries & G. Duby 著、The Belknap Press、1988 年
『La Guerre au Moyen Age』P. Contamine 著、Presses Universitaires de France、1980 年

武器と鎧

『Arms and Armour of the Medieval Knight』D. Edge & J. Paddock 著、Defoe Publishing、1988 年
『Armies of Medieval Burgundy 1364-1477』N. Michael 著、Osprey Publishing、1833 年
『Warrior to Soldier 449-1660』A. V. B. Norman & D. Pottinger 著、Wiedenfeld & Nicolson Ltd、1966 年

兵士

『The Medieval Soldier』G. A. Embleton & J. Howe 著、Windrow & Greene、1994 年
『Armies and Warfare of the Middle Ages』M. Prestwich 著、エール大学出版局、1996 年
『Artists and Warfare in the Renaissance』J. R. Hale 著、エール大学出版局、1990 年

中世センター（Middelaldercentret）

中世センターはデンマークのファルスター島のニューケビンブグの近くにある、屋外型の「生活史」についての博物館である。賞を取った観光客向けの展示とは別に、デンマークの中世、特に 14 世紀後半に関する調査や再現に参加している。歴史的正確さを非常に重視し、細部に注意深く目を向けている。中世の港が一つと、考古学的価値のあるデンマークの船やボートの発見物から再現した物が数点、そして数多くの建物と作業場が博物館にある。14 世紀の道具の模造品を使った数多くの手工業が、毎日実演されている。

この本のなかで使われている中世センターで撮影された写真は、この博物館のデザインと開発部長であるデヴィッド・レーゼンビーが撮影した。デヴィッドは野生生物や冒険、水中などの撮影で有名なカメラマンで、彼が撮影した野生生物や僻地の写真は国際的な出版物に定期的に掲載されている。

中世兵士の服装　　中世ヨーロッパを完全再現！

2013 年 3 月 20 日　第 1 刷発行
2018 年 11 月 20 日　第 2 刷発行

著　者　ゲーリー・エンブルトン
訳　者　濱崎　亨
発 行 者　田上　妙子
印刷・製本　シナノ印刷株式会社
発 行 所　株式会社マール社
　　　　〒 113-0033
　　　　東京都文京区本郷 1-20-9
　　　　TEL 03-3812-5437
　　　　FAX 03-3814-8872
　　　　URL　https://www.maar.com/

ISBN978-4-8373-0663-4　Printed in Japan
© Maar-sha Publishing Co., LTD., 2013

アドバイザー：キャッスル・ティンタジェル
カバーデザイン：角倉一枝（マール社）

乱丁・落丁の場合はお取り替えいたします。